丛书总主编　陈宜瑜
丛书副总主编　于贵瑞　何洪林

中国生态系统定位观测与研究数据集

森林生态系统卷

海南尖峰岭站

（1957—2018）

周　璋　陈德祥　李意德　主编

中国农业出版社

北京

图书在版编目（CIP）数据

中国生态系统定位观测与研究数据集．森林生态系统卷．海南尖峰岭站：1957-2018 / 陈宜瑜总主编；周璋，陈德祥，李意德主编 . —北京：中国农业出版社，2023.8

ISBN 978-7-109-31097-1

Ⅰ.①中… Ⅱ.①陈… ②周… ③陈… ④李… Ⅲ.①生态系—统计数据—中国②森林生态系统—统计数据—海南—1957-2018 Ⅳ.①Q147②S718.55

中国国家版本馆 CIP 数据核字（2023）第 174623 号

ZHONGGUO SHENGTAI XITONG DINGWEI GUANCE YU YANJIU SHUJUJI

中国农业出版社出版

地址：北京市朝阳区麦子店街 18 号楼
邮编：100125
责任编辑：李昕昱　文字编辑：蔺雅婷
版式设计：李　文　责任校对：吴丽婷
印刷：北京印刷一厂
版次：2023 年 8 月第 1 版
印次：2023 年 8 月北京第 1 次印刷
发行：新华书店北京发行所
开本：889mm×1194mm　1/16
印张：6.5
字数：192 千字
定价：58.00 元

丛书指导委员会

顾　　问	孙鸿烈	蒋有绪	李文华	孙九林		
主　　任	陈宜瑜					
委　　员	方精云	傅伯杰	周成虎	邵明安	于贵瑞	傅小峰	王瑞丹
	王树志	孙　命	封志明	冯仁国	高吉喜	李　新	廖方宇
	廖小罕	刘纪远	刘世荣	周清波			

丛书编委会

主　　编	陈宜瑜					
副 主 编	于贵瑞	何洪林				
编　　委	（按拼音顺序排列）					
	白永飞	曹广民	常瑞英	陈德祥	陈　隽	陈　欣	戴尔阜
	范泽鑫	方江平	郭胜利	郭学兵	何志斌	胡　波	黄　晖
	黄振英	贾小旭	金国胜	李　华	李新虎	李新荣	李玉霖
	李　哲	李中阳	林露湘	刘宏斌	潘贤章	秦伯强	沈彦俊
	石　蕾	宋长春	苏　文	隋跃宇	孙　波	孙晓霞	谭支良
	田长彦	王安志	王　兵	王传宽	王国梁	王克林	王　堃
	王清奎	王希华	王友绍	吴冬秀	项文化	谢　平	谢宗强
	辛晓平	徐　波	杨　萍	杨自辉	叶　清	于　丹	于秀波
	曾凡江	占车生	张会民	张秋良	张硕新	赵　旭	周国逸
	周　桔	朱安宁	朱　波	朱金兆			

编 委 会

进入 20 世纪 80 年代以来，生态系统对全球变化的反馈与响应、可持续发展成为生态系统生态学研究的热点，通过观测、分析、模拟生态系统的生态学过程，可为实现生态系统可持续发展提供管理与决策依据。长期监测数据的获取与开放共享已成为生态系统研究网络的长期性、基础性工作。

国际上，美国长期生态系统研究网络（US LTER）于 2004 年启动了 Eco Trends 项目，依托 US LTER 站点积累的观测数据，发表了生态系统（跨站点）长期变化趋势及其对全球变化响应的科学研究报告。英国环境变化网络（UK ECN）于 2016 年在 *Ecological Indicators* 发表专辑，系统报道了 UK ECN 的 20 年长期联网监测数据推动了生态系统稳定性和恢复力研究，并发表和出版了系列的数据集和数据论文。长期生态监测数据的开放共享、出版和挖掘越来越重要。

在国内，国家生态系统观测研究网络（National Ecosystem Research Network of China，简称 CNERN）及中国生态系统研究网络（Chinese Ecosystem Research Network，简称 CERN）的各野外站在长期的科学观测研究中积累了丰富的科学数据，这些数据是生态系统生态学研究领域的重要资产，特别是 CNERN/CERN 长达 20 年的生态系统长期联网监测数据不仅反映了中国各类生态站水分、土壤、大气、生物要素的长期变化趋势，同时也能为生态系统过程和功能动态研究提供数据支撑，为生态学模型的验证和发展、遥感产品地面真实性检验提供数据支撑。通过集成分析这些数据，CNERN/CERN 内外的科研人员发表了很多重要科研成果，支撑了国家生态文明建设的重大需求。

近年来，数据出版已成为国内外数据发布和共享，实现"可发现、可访问、可理解、可重用"（即 FAIR）目标的重要手段和渠道。CNERN/CERN 继 2011 年出版"中国生态系统定位观测与研究数据集"丛书后再次出版新一期数据集丛书，旨在以出版方式提升数据质量、明确数据知识产权，推动融合专业理论或知识的更高层级的数据产品的开发挖掘，促进 CNERN/CERN 开放共享由数据服务向知识服务转变。

该丛书包括农田生态系统、草地与荒漠生态系统、森林生态系统及湖泊湿地海湾生态系统共 4 卷（51 册）以及森林生态系统图集 1 册，各册收集了野外台站的观测样地与观测设施信息，水分、土壤、大气和生物联网观测数据以及特色研究数据。本次数据出版工作必将促进 CNERN/CERN 数据的长期保存、开放共享，充分发挥生态长期监测数据的价值，支撑长期生态学以及生态系统生态学的科学研究工作，为国家生态文明建设提供支撑。

2021 年 7 月

科学数据是科学发现和知识创新的重要依据与基石。大数据时代,科技创新越来越依赖于科学数据综合分析。2018 年 3 月,国家颁布了《科学数据管理办法》,提出要进一步加强和规范科学数据管理,保障科学数据安全,提高开放共享水平,更好地为国家科技创新、经济社会发展提供支撑,标志着我国正式在国家层面开始加强和规范科学数据管理工作。

随着全球变化、区域可持续发展等生态问题的日趋严重以及物联网、大数据和云计算技术的发展,生态学进入了"大科学、大数据"时代,生态数据开放共享已经成为推动生态学科发展创新的重要动力。

国家生态系统观测研究网络(National Ecosystem Research Network of China,简称 CNERN)是一个数据密集型的野外科技平台,各野外台站在长期的科学研究中积累了丰富的科学数据。2011 年,CNERN 组织出版了"中国生态系统定位观测与研究数据集"丛书。该丛书共 4 卷、51 册,系统收集整理了 2008 年以前的各野外台站元数据,观测样地信息与水分、土壤、大气和生物监测以及相关研究成果的数据。该丛书的出版,拓展了 CNERN 生态数据资源共享模式,为我国生态系统研究、资源环境的保护利用与治理以及农、林、牧、渔业相关生产活动提供了重要的数据支撑。

2009 年以来,CNERN 又积累了 10 年的观测与研究数据,同时国家生态科学数据中心于 2019 年正式成立。中心以 CNERN 野外台站为基础,生态系统观测研究数据为核心，拓展部门台站、专项观测网络、科技计划项目、科研团队等数据来源渠道，推进生态科学数据开放共享、产品加工和分析应用。为了开发特色数据资源产品、整合与挖掘生态数据，国家生态科学数据中心立足国家野外生态观测台站长期监测数据，组织开展了新一版的观测与研究数据集的出版工作。

本次出版的数据集主要围绕"生态系统服务功能评估""生态系统过程与变化"等主题进行了指标筛选，规范了数据的质控、处理方法，并参考数据论文的体例进行编写，以翔实地展现数据产生过程，拓展数据的应用范围。

该丛书包括农田生态系统、草地与荒漠生态系统、森林生态系统以及湖泊湿地海湾生态系统共 4 卷（51 册）以及图集 1 本，各册收集了野外台站的观测样地与观测设施信息，水分、土壤、大气和生物联网观测数据以及特色研究数据。该套丛书的再一次出版，必将更好地发挥野外台站长期观测数据的价值，推动我国生态科学数据的开放共享和科研范式的转变，为国家生态文明建设提供支撑。

2021 年 8 月

热带森林约占全球森林面积的 40%，由于人类对热带森林的不合理开发，热带森林的年平均毁林率达 0.6%，20 世纪 50 年代至 21 世纪初，我国热带天然森林面积也减少了一半。全球热带森林面积减少导致生物多样性锐减、水土流失、土地退化、资源匮乏等一系列生态问题，已威胁人类的生存和社会的发展。目前国际上尚未很好地解决热带森林的保护、利用、恢复和可持续发展等重大问题。要解决这些问题，迫切需要通过对热带森林生态系统的结构、功能规律开展长期的定位研究。

海南尖峰岭位于海南岛西南部，为海南中南部山地热带森林保存较为完好、面积较大、类型较齐全的区域。尖峰岭热带森林生态系统的研究始于 20 世纪 60 年代初，而林区气象观测研究则更早，始于 1957 年开展的尖峰岭热带森林植被调查，并设立了地面气象站。1962 年，中国林业科学研究院在尖峰岭建立了热带林业研究所，系统地开展了森林气候、土壤、不同采伐经营模式的生态功能变化等基础研究；至 20 世纪 70 年代，仍持续研究植物区系、森林气候等；1982 年尖峰岭热带森林的研究首获国家自然科学基金重点项目的资助，开展了热带森林资源本底调查、热带半落叶季雨林小区实验和"刀耕火种"农业生态后果模拟的半定位研究；1986 年在前期研究的基础上正式建立了林业部海南尖峰岭热带林生态系统定位研究站（即海南尖峰岭森林生态系统国家野外科学观测研究站，以下简称尖峰岭生态站），成为国家陆地生态系统定位观测研究站网（CEN）

站之一。在之后的"七五"至"十三五"期间，尖峰岭生态站系统地开展了热带森林生态系统结构、功能规律、生物多样性保护、环境功能效益、生理生态、全球气候变化对热带森林影响机制、森林可持续经营动态分析、热带森林植被恢复发展、热带原始林保护示范、热带森林非木质林产品资源的保护和利用等方面的研究。1999 年尖峰岭生态站成为科技部首批 9 个国家重点野外科学观测研究站（试点站）之一，2006 年经科技部组织专家对尖峰岭生态站进行评估，尖峰岭生态站正式成为国家重点野外科学观测研究站。由此可见，尖峰岭生态站是我国研究热带森林最早的定位研究站，也是我国地理上分布于最南端、研究历史较长的森林生态系统类型定位研究站。

自 1957 年以来，尖峰岭生态站积累了大量的野外监测数据。为充分共享和利用这些观测与研究数据，根据"国家科技基础条件平台建设项目——生态系统网络的联网观测研究及数据共享系统建设"项目的要求，尖峰岭生态站将出版有关数据，即《中国生态系统定位观测与研究数据集·森林生态系统卷·海南尖峰岭站（1957—2018)》系列数据集。

尖峰岭生态站在尖峰岭林区共设立了 3 个地面气象站：尖峰镇气象站（海拔 68 m，始于 1957 年）、天池气象站（海拔 820 m，始于 1963 年）和叉河口气象站（海拔 228 m，始于 2006 年）。另外，在尖峰岭林区内的南中（海拔 514 m）、南崖（海拔 710 m）、卫东（海拔 580 m）、中线天池垭口（海拔 960 m）等地设置了临时气象站进行短期观测。2006 年前各气象站采用人工观测的形式，即每天 2：00、8：00、14：00 和 20：00 共观测 4 次；2006 年起所有观测点均更新为自动实时监测，针对不同的观测指标，记录数据的时间间隔一般为 10～30 min。1957 年以来，由于历史原因和仪器设备原因等，各地面气象站虽然在持续进行数据观测，但部分年份数据仍有缺失。

　　本数据集收录了尖峰岭生态站 3 个地面气象站 1957—2018 年共 61 年的有效观测数据。编撰本数据集的目的是使尖峰岭生态站能够提供更好的数据共享和社会服务。

　　本数据集是尖峰岭生态站的依托单位——中国林业科学研究院热带林业研究所和海南尖峰岭国家级自然保护区等单位的老中青几代科研监测人员和学者的辛苦付出的结晶，他们是：卢俊培、黄　全、曾庆波、丁美华、邱坚锐、王德祯、周文龙、鄂育智、康丽华、利群、黄林华、林尤洞、张振才、方洪、郭宁、蒋忠亮、廖燕厚、陈焕芳、周亚东、洪小江、莫锦华等，在此对他们所作的重要贡献表示衷心的感谢！同时，也衷心感谢海南省气象局、海南省气象中心、乐东县气象局等单位给予的专业指导！

　　本数据集由周璋、陈德祥统筹组稿、设计数据表格和统计程序；陈德祥负责第一、二章的撰写；周璋负责第三、四章的撰写；张涛和杨繁负责数据录入校对；参编组其他成员主要负责大量观测数据的检查、整理和校核等工作。

　　由于编撰时间紧，编者水平有限，书中难免有疏漏之处，敬请各位读者谅解，并热忱欢迎提出宝贵意见！

编　者

CONTENTS

目 录

第1章

尖峰岭林区概况

1.1 地理位置和地质地貌

1.1.1 地理位置

尖峰岭地区位于海南省西南部乐东黎族自治县和东方市交界处（108°41′—109°12′E、18°20′—18°57′N），包括尖峰岭国有林区和周边集体林区，总面积约 640 km²。在尖峰岭林区内有海南省尖峰岭林业局（海南尖峰岭国家级自然保护区管理局、尖峰岭国家级森林公园）、中国林业科学研究院热带林业研究所试验站以及海南尖峰岭森林生态系统国家野外科学观测研究站等单位，行政区划上隶属海南省乐东黎族自治县尖峰镇。

尖峰岭林区拥有丰富的森林资源，森林覆盖率达 93.18%，林区活立木蓄量达 930 万 m³。尖峰岭国家级自然保护区内的热带雨林是我国现有面积较大、保存较完整的热带原始森林区域之一。

1.1.2 地质地貌

尖峰岭山地为海南岛东北—西南走向山系的西列霸王岭—尖峰岭山系的南段。自霸王岭—尖峰岭花岗岩穹形山地雏形后经第三纪断裂并伴岩浆活动，形成尖峰岭—白石岭岩浆岩山地，尖峰岭岩体是中生代第四期侵入的花岗岩，偶有晚期侵入的中性和基性岩体分布，后经更新世和全新世构造运动的强烈影响，地壳间歇性升降和断裂，多次剥蚀、夷平和堆积，形成今天具有多级地形的花岗岩梯级山地和山前宽广的海成阶地地貌。海拔高于 1 200 m 的山峰，自西北向东南有黑岭（1 329 m）、独岭（1 344.2 m）、二峰（1 258.4 m）、尖峰（1 412.5 m）及其东侧峰（1 277 m）。山体之东南坡缓而宽，山间盆地发育，西坡陡而窄，也有数级夷平地，较少有山间盆地。低山外围为低丘—高丘区，丘顶海拔多在 100～400 m，相对高 50～200 m，山地丘陵之西南为开阔阶地，相对高不到 10 m。尖峰岭山体东北面是多座 1 000 m 以上的山峰，形成了巨大的屏障，而西南面则是开阔地，面向北部湾形成喇叭口（蒋有绪等，1991）。

1.2 气候

尖峰岭地区地形地貌独特，自然生态环境条件优越，属低纬度热带岛屿季风气候，据尖峰镇海拔 68 m 气象站资料，尖峰岭低海拔区域的年均气温为 24.5 ℃，≥10 ℃年积温 9 000 ℃，最冷月平均气温 19.4 ℃，最热月平均气温 27.3 ℃，干湿两季明显。从沿海至林区腹地的最高海拔（尖峰岭顶，1 412.5 m）约 15 km 的水平距离内，年平均气温从滨海的 25 ℃降低至最高海拔区域的 17～19 ℃，年平均降水量从 1 300 mm 增加至 3 500 mm。随海拔的变化，生态水热状况发生了一系列的垂直变化（表 1-1、图 1-1），以水热系数 2.0 作为干旱与湿润的划分指标，那么海拔 68 m 气象站范围的干旱期为 5 个月左右，海拔 514 m 的南中气象站区域的干旱期则为 3 个月左右，海拔 820 m 的天池气象站区域的干旱期为2个月左右。

表1-1 尖峰岭地区生态系列特征一览表

植被类型	滨海有刺灌丛	稀树草原	热带半落叶季雨林	热带常绿季雨林	热带山地雨林	山顶苔藓矮林
地形	滨海台地	沿海平原	低山	切割中山		
土壤	沙土	燥红土	砖红壤		砖黄壤	黄壤
母岩	滨海沉积物		黑云母、闪长花岗岩		粗晶花岗岩	
海拔/m	0～30	10～80	80～400	300～700	650～1 200	＞1 200
小气候	干热、常风大、太阳辐射强烈		干热	干热但雨季潮湿	温暖而湿润	多雾，常风大
年均气温/℃	25		24	22	20	17
年降水量/mm	1 300		1 700	2 000	3 000	3 500
植被结构	简单		较复杂	复杂	非常复杂	较复杂
多样性	低		中等	高	很高	中等

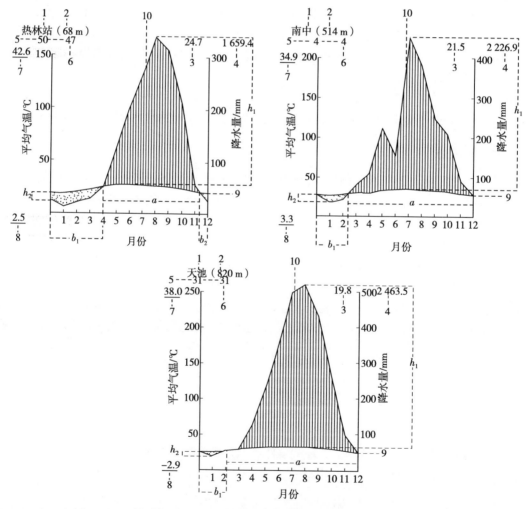

图1-1 尖峰岭地区不同海拔的气候图解图

1. 地名；2. 海拔；3. 年均温度/℃；4. 年平均降水量/mm；5. 温度的观测年数；6. 降水的观测年数；7. 绝对最高温度/℃；8. 绝对最低温度/℃；9. 月平均温度曲线；10. 月平均降水量曲线；a. 相对湿润期；b₁. 相对干旱期；b₂. 相对干旱期；h₁ 为湿润期的湿润强度；h₂ 为干旱期的湿润强度

1.3　土壤

热带地区的土壤类型复杂。就尖峰岭地区的土壤分布（表 1-1）特点而言，由平地土壤至山地土壤组成了一个完整的系列，与该地区的地貌变化以及相应的植被—气候垂直分布完全一致。自滨海、河谷至山顶，可分为 5 个土壤带，滨海风沙土—燥红土—富盐基砖红壤—潮砖红壤—腐殖质砖红壤—山地典型砖黄壤—山地腐殖质黄壤—山地表潜黄壤（蒋有绪、卢俊培，1991）。由于海拔和气候条件的变化，尖峰岭地区土壤类型也呈现一系列的变化，沿海地区有滨海沙土、燥红土、砖红壤、砖黄壤，海拔较高的山顶区域有山地淋溶表潜黄壤等。

1.4　植被

1.4.1　植被类型

由于受气候和土壤等一系列生态环境因素的影响，自然植被则由海边至尖峰岭山顶形成了 8 个主要植被类型：滨海有刺灌丛、热带稀树草原（稀树灌丛）、热带半落叶季雨林、热带常绿季雨林、热带山地雨林、热带山地常绿阔叶林和山顶苔藓矮林，这一完整的系列基本上代表了海南岛南部山地的主要植被类型。尖峰岭地区的地带性植被类型为以龙脑香科植物青皮为主的热带常绿季雨林（李意德等，2002）。

1.4.2　尖峰岭地区植被分布现状

尖峰岭地区森林资源大规模的开发，最早可追溯到 20 世纪 30—40 年代，当时已开有铁路进入尖峰岭林区进行热带森林资源的采伐，但持续时间不长。中华人民共和国成立后，尖峰岭林区大规模的开发始于 1956 年，根据尖峰岭林区当年的森林资源调查数据，有热带原始林 41 744 hm²。尖峰岭的森工采伐单位（尖峰岭林业局）成立后，经过 35 年的开发，至 1991 年林区普查时，剩下的原始森林（指未经人为干扰的成熟林和过熟林）面积仅有 15 726 hm²，减少了 26 018 hm²。所保存的热带原始林主要分布在热带山地雨林类型中，而热带季雨林和部分热带山地雨林等类型则经商业性采伐后大多演变为次生林（以轻度干扰的类型为主，其次为中度干扰，重度干扰的类型主要在林区外缘地带），热带半落叶季雨林类型则大都转变为灌木林、人工林、旱地、农业用地和居民用地等（李意德等，2012）。

第2章

....

数据采集与处理方法

2.1 数据采集样地描述

2.1.1 热带半落叶季雨林地面气象站

海南尖峰岭森林生态系统国家野外科学观测研究站热带半落叶季雨林气象观测场于1957年建立在尖峰镇中国林业科学研究院热带林业研究所试验站内,海拔68 m,中心点经纬度为108°47′17.72″E、18°41′55.54″N,具体样地设施布置如图2-1所示。该气象站1957—2005年人工定时观测空气温湿度、降水、风速风向、蒸发、地温,即每天2:00、8:00、14:00和20:00共观测4次;2006年起改用DYNAMET自动观测系统。

图2-1 热带半落叶季雨林气象观测场

2.1.2 热带山地雨林地面气象站

海南尖峰岭森林生态系统国家野外科学观测研究站热带山地雨林气象观测场于1963年建立在尖峰岭自然保护区天池周边,海拔820 m,中心点经纬度为108°51′44.19″E、18°44′24.82″N,具体样地设施布置如图2-2所示。该气象站1963—2005年人工定时观测空气温湿度、降水、风速风向、蒸发、地温,即每天 2：00、8：00、14：00 和 20：00 共观测 4 次；2006 年起改用 Compebll 自动观测系统。

图 2-2　热带山地雨林气象观测场

2.1.3　热带低地雨林地面气象站

　　海南尖峰岭森林生态系统国家野外科学观测研究站热带低地雨林气象观测场于 2006 年建立在尖峰岭自然保护区叉河口，海拔 220 m，中心点经纬度为 108°59′27.96″E、18°44′43.20″N，具体样地设施布置如图 2-3 所示。台站自 2006 年起启用配备 DYNAMET 自动观测系统。

图 2-3　热带低地雨林气象观测场

2.2　数据来源

本数据集记录了尖峰岭站热带山地雨林、热带半落叶季雨林和热带低地雨林 3 种森林类型地面气象站 1957—2018 年气象因子的月、年数据，数据来源于人工气象观测（1957—2005）和地面气象自动观测系统（2005 年以后）每日采集的气象监测数据。生态站工作人员根据气象数据处理规范和标准，应用各类数据处理程序对原始观测数据进行整理和分析，最终编制出符合规范的报表文件，并完成数据质量审核和部分统计处理工作。其中数据质量审核环节主要对每月数据文件中的日观测数据进行再次确认或修正，审核完成后即可将数据报表转换成规范的气象数据报表，并在其中进行旬、月的各要素统计处理，在气象报表中手工录入人工观测的相关观测要素数据，再进行旬、月的各要素统计处理，最后完成报表并使报表达到观测规范的要求，此后工作人员就可以将符合规范的报表上报综合中心数据库，完成观测数据最后的处理与审核。

2.3　观测仪器设施和数据采集精度

具体见表 2 - 1。

表 2 - 1　原始数据采集和处理方法

观测指标	观测设备	观测层次	数据单位	小数位数	原始数据采集精度
气温	HMP45C 温度传感器	距地面 1.5 m 防辐射罩内	℃	1	
相对湿度	HMP45C 湿度传感器	距地面 1.5 m 防辐射罩内	%	1	每 10 s 采测 1 次，每分钟共采测 6 次，去除一个最大值和一个最小值后取平均值，作为每分钟的观测值存储
水汽压	CS106	距地面小于 1 m	hPa	1	
土壤温度	IRRP - 地温传感器	地表面 0 cm 和地面以下 10 cm、20 cm 处	℃	1	
降水	TE525MM 雨量计	跟地面 70 cm	mm	1	人工观测每天 8：00—20：00 共 12 h 的累积降水量。自动观测仪器自动累计全天降水量
风速	RM Young 传感器	5 m 风杆	m/s	1	每秒采测 1 次风速数据，以 1 s 为步长求 3 s 滑动平均风速，以 3 s 为步长求 1 min 滑动平均风速，然后以 1 min 为步长求 10 min 滑动平均风速。最后以 30 min 为间隔，存储数据
蒸发	255 - 100 蒸发传感器	地面开阔处	mm	2	通过测量蒸发盘中水位的变化来确定蒸发率，连续观测；蒸发传感层，带蒸发盘和管道，25.4 cm 范围内 $\pm$ 0.25%；总分辨率 0.76 mm
日照时数	暗筒式日照计	地面开阔处	h	1	采用暗筒式日照计，根据日照纸上感光迹线计算出日照时数

2.4　数据库结构

本数据集包含 41 个数据表：

附表 1~16 为热带半落叶季雨林地面气象观测站各类气象观测数据；附表 17~32 为热带山地雨林地面气象观测站各类气象观测数据；附表 33~41 为热带低地雨林地面气象观测站各类气象观测数据。

附表 1~5、附表 17~21、附表 33~37 为各观测站空气温度观测数据。

附表 6~10、附表 22~26、附表 38~41 为各观测站水汽压、相对湿度、降水量、蒸发量、风速观测数据。

附表 11~15、附表 27~31 为各观测站地面和土壤（10、30 cm）温度观测数据。

附表 16、附表 32 为各观测站日照时数月、年合计值。

传感器、采集器、传输通道故障等原因会导致数据缺失问题，数据缺失达到一定量时则不适宜求算相应月统计值，针对此类情况，数据表中已用"—"表示。由于海南出现台风等极端气候事件的频率相对较高，导致仪器损坏情况时有发生，仪器替换期间会导致部分数据缺失的情况出现。

第3章

数据质量控制与评估

尖峰岭站每年对数据观测和采集人员进行一次培训和考核，并派人积极参加科技部和国家林草局的年度培训。数据观测和采集人员应依据各类标准和规范，结合本站实际情况，严格对照气象数据的标准规范程序进行操作，培训和考核合格后方可进行各项数据的观测和采集。对于野外观测设施和设备，每月进行一次定期维护，每年进行一次野外观测设备的标定和校准。

所有数据采集原始记录纸质文件将进行分类归档和长期保存，并将纸质文件进行电子化扫描，实施数字化存档管理。人工观测和采样数据入库前由专业科研人员根据各类数据标准和规范严格进行数据质量控制，由专人录入数据管理系统，数据录入系统后保证由1名数据管理人员对原始数据进行核对，确认无误后由数据管理系统保存。仪器设备系统自动采集和分析数据应先由科研人员定期对原始数据进行审核和校对，及时排查设备故障和错误数据，并进行相应的校正。

本数据集数据管理主要包含气象监测管理和数据库管理两部分。气象监测管理主要是对传感器和线路进行检查和维护，包括传感器灵敏度检查、擦拭清洁、仪器设施维修等；数据库管理则是对原始观测数据进行保存和备份、整理分析并统计。由于野外设施设备的老化和极端气候事件干扰导致设施设备损坏、供电系统质量出问题等，原始数据易产生存储错误和数据丢失等现象。工作人员应以当地不同季节各观测要素的历史数据和理论计算值为参考输入相应的检验参数，程序在生成数据报表过程中会根据检验参数大小标红超出阈值的数据，同时产生检查结果日志报告文件，工作人员即可对照日志报告及时修正原始观测数据的错误。如果是数据相邻时次差过大，可能是传感器损坏后生成的指示信号，工作人员应尽早发现仪器故障问题并维修。不同气象观测指标的其他具体质量控制和评估方法如表3-1所示。

表3-1 本数据集主要观测指标数据质量控制和评估方法

观测指标	数据质量控制和评估方法
空气温度	（1）将超出本区域气候学界限值域−10~60 ℃的数据划分为错误数据。（2）1 min 内允许的最大变化值为 2 ℃。（3）24 h 气温变化范围均小于 20 ℃。（4）利用与台站下垫面及周围环境相似的一个或多个邻近站的气温数据计算本台站气温值，比较台站观测值和计算值，如果超出阈值即认为观测数据可疑
相对湿度	（1）相对湿度介于 0%~100%。（2）定时相对湿度≥日最小相对湿度。（3）干球温度≥湿球温度
降水量	（1）降水强度不应超出气候学界限值域 0~400 mm/min。（2）降水量大于 0.0 mm 或者微量时，应有降水天气现象
地表和土壤温度	（1）超出本区域气候学界限值域−20~60 ℃的数据为错误数据。（2）1 min 内允许的最大变化值为 2 ℃。（3）定时观测地表温度≥日地表最低温度且≤日地表最高温度

第4章

尖峰岭热带山地雨林区近30年气候变化特征

4.1 气候变化趋势

4.1.1 总体变化趋势

1980—2005年，平均气温、平均最低气温、平均地温、平均最低地温极端最高地温、极端最低地温、地气温差、年积温和年平均水汽压总体都呈明显上升趋势（$P<0.05$）；年平均风速呈显著降低趋势（$P<0.05$）。平均最高气温、极端最高最低气温、平均最高地温、降水量、旱季蒸发量、平均相对湿度都呈上升趋势，日照时数、年蒸发量和雨季蒸发量呈降低趋势，但均未通过$P<0.05$显著性检验。

热因子的气候趋势系数和气候倾向率见表4-1。

表4-1　尖峰岭热带山地雨林区热因子的气候趋势系数和气候倾向率

气候指标	趋势系数	气候倾向率/（/10 a）
平均气温/℃	0.649 2*	0.32
平均最高气温/℃	0.272 9	0.20
平均最低气温/℃	0.542 2*	0.39
极端最高气温/℃	0.118 3	0.26
极端最低气温/℃	0.270 6	0.87
平均地温/℃	0.740 2*	0.59
平均最高地温/℃	0.280 0	0.50
平均最低地温/℃	0.607 0*	0.80
极端最高地温/℃	0.537 9*	2.03
极端最低地温/℃	0.414 2*	1.62
地气温差/℃	0.590 0*	0.27
年积温（>10 ℃）/℃	0.682 2*	137.13
年积温（>15 ℃）/℃	0.688 3*	233.88
年积温（>18 ℃）/℃	0.563 5*	214.14
日照时数/h	−0.308 8	−76.44
年降水量/mm	0.112 4	93.24
年蒸发量/mm	−0.109 9	−18.44
旱季降水量/mm	0.196 5	48.09
雨季降水量/mm	0.053 3	45.15

（续）

气候指标	趋势系数	气候倾向率/（/10 a）
旱季蒸发量/mm	0.115 6	6.92
雨季蒸发量/mm	−0.182 0	−25.36
平均相对湿度/%	0.174 6	0.26
平均水汽压/hPa	0.637 7*	0.38
平均风速/（m/s）	−0.716 6*	−0.27

注：* 表示通过 0.05 显著性水平的 Student' T 检验。

4.1.2 光能因子的动态变化

由表 4-1 可知，尖峰岭热带山地雨林区 1980—2005 年的年日照时数与年日照百分率的趋势系数为 −0.308 8，总体趋势为下降，日照时数每 10 年降低 76.44 h。由图 4-1 可知：1980—2002 年，年日照时数的多年平均值为 1 467.4 h，其中 1980 年为年日照时数最长的一年，其值为 1 789.7 h；而 1986 年为年日照时数最短的一年，其值为 1 090.6 h。该地区年日照时数 23 年的变化特点为：在这 23 年中，除 1980 年、1984 年、1986 年和 1987 年这 4 年以外，其余 20 年的年日照时数都在 1 200～1 750 h 波动。

年日照百分率的动态变化趋势与年日照时数相同，呈现下降趋势。多年平均值为 34%，最大值为 1980 年和 1987 年的 41%，最小值为 1986 年的 24%。在这 23 年中，除 1980 年、1986 年和 1987 年这 3 年以外，其余 20 年年日照百分率都在 25%～40% 波动。

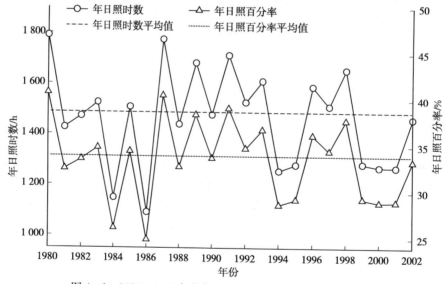

图 4-1　1980—2002 年的年日照时数、年日照百分率的变化

4.1.3 热量因子的动态变化

①平均气温变化

由表 4-1 可知，1980—2005 年，平均气温的趋势系数为 0.649 2，即 26 年内尖峰岭热带山地雨林区平均气温总体呈明显上升趋势，升幅约 0.8 ℃，气候倾向率为 0.32 ℃/10 a，比全国平均增温速率 0.22 ℃/10 a（任国玉，2005）高出 0.1 ℃/10 a，略高于海南岛西部平均增温速率 0.24 ℃/10 a（林培松，2005）。

平均气温从 1980 年的 19.6 ℃上升到 2005 年的 20.3 ℃，其中上升幅度最大的是 1997—2005 年。尖峰岭山地雨林区 26 年的多年平均气温为 19.8 ℃，其中 1998 年为平均气温最高的一年，达 20.9 ℃，这与海南岛（何春生，2004）和全国平均气温最高值出现年份一致，而 1986 年为平均气温最低的一年，仅为 19.1 ℃。

如图 4-2 a 所示，1994 年是一个转折点，1994 年以前，该地区平均气温大多为负距平，1994 年以后大多为正距平，且 1998 年距平超过 1 ℃，即气温异常偏高。从图 4-2 b 可以看出，旱季平均气温的增加幅度要大于雨季，这说明旱季平均气温对年平均气温的升高贡献值大。

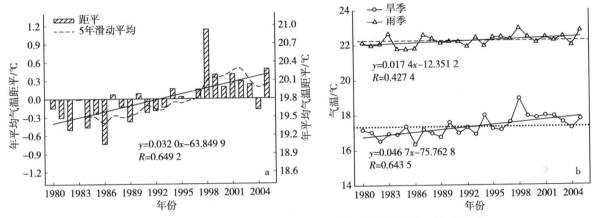

图 4-2　1980—2005 年年平均气温（a）、旱季雨季平均气温（b）的变化

②平均最高最低气温变化

由表 4-1 可知，1980—2005 年，平均最高气温的趋势系数为 0.272 9，即呈上升趋势，气候倾向率为 0.20 ℃/10 a；平均最低气温的趋势系数为 0.542 2，呈明显上升趋势，气候倾向率为 0.39 ℃/10 a，最低气温的上升速率约为平均气温增长速率的 2 倍，可见上升速度较快。Karl（1993）对全球陆地表面平均最高和最低气温的研究表明，最低气温升高是最高气温的 2.78 倍，这说明尖峰岭热带山地雨林区最低和最高气温的变化趋势与全球最低和最高气温的变化趋势基本是同步的。

由图 4-3 可得知，该林区 26 年的年平均最高、最低气温的多年平均值分别为 24.71 ℃、16.19 ℃。尖峰岭山地雨林区年平均最高、最低气温变长期变化趋势存在不对称性，即最低气温明显上升，而最高气温上升不明显。这一结果与国内其他研究一致（王菱，2004；郑艳，2005），这也说明尖峰岭山地雨林区气候变暖趋势主要是由最低气温显著升高造成的。

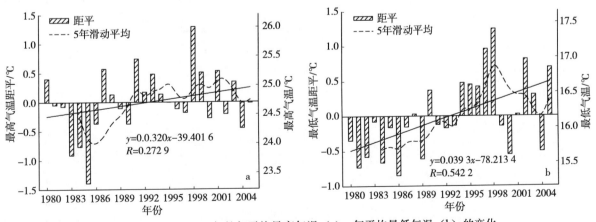

图 4-3　1980—2005 年的年平均最高气温（a）、年平均最低气温（b）的变化

③极端最高最低气温变化

由表4-1可知，1980—2005年，极端最高气温的趋势系数为0.118 3，即呈上升趋势，气候倾向率为0.26 ℃/10 a；极端最低气温的趋势系数为0.270 6，同样呈上升趋势，气候倾向率为0.87 ℃/10 a，比平均气温高出0.64 ℃/10 a，可见上升速度较快。该林区26年的年极端最高、最低气温的多年平均值分别为31.3 ℃、3.1 ℃。年极端最低气温最低值出现在1999年，其值为−2.9 ℃；而年极端最高气温最高值出现在1994年，其值为38.0 ℃。

由图4-4可看出，尖峰岭山地雨林区年极端最高、最低气温变长期变化趋势存在不对称性，即极端最低气温上升较明显，而极端最高气温上升不明显，这一结果与国内其他研究一致（王绍武，1994；陈隆勋，1998）。极端最高气温年际变化除1994年外，变化都较为缓和；而极端最低气温年际波动比较剧烈，20世纪80年代气温偏低，比多年平均偏低0.4 ℃，90年代及其以后气温偏高。

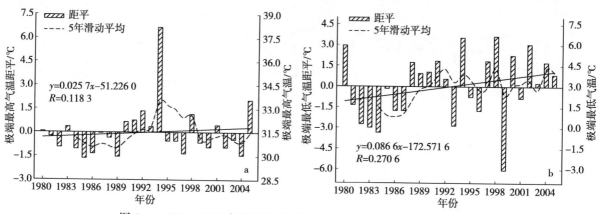

图4-4 1980—2005年极端最高气温（a）、极端最低气温（b）的变化

④月平均气温变化

由表4-2可知，月平均气温趋势系数和倾向率都为正值，表明都呈上升趋势。1月和12月的趋势系数表现出很强的正趋势，倾向率分别为0.733 8 ℃/10 a和0.894 2 ℃/10 a，上升幅度很大；10月的气温趋势系数和倾向率为最小，表现弱的正趋势；冬季增温效果最显著，增温速率高达0.68 ℃/10 a，即冬季气温对年均气温升高的贡献率最大。

平均气温的季节变化见附图17，整体呈抛物线趋势，1月是该地区一年中的最冷月，其值为14.8 ℃；6月是最热月，其值为23.3 ℃。

表4-2 尖峰岭热带山地雨林区月平均气温和月平均地温的趋势系数和气候倾向率

月份	月平均气温		月平均地温	
	趋势系数	倾向率/（℃/10 a）	趋势系数	倾向率/（℃/10 a）
1月	0.475 8*	0.733 8	0.544 0*	0.899 9
2月	0.114 5	0.191 4	0.553 7*	0.896 8
3月	0.129 8	0.163 1	0.252 7	0.452 2
4月	0.399 0*	0.397 0	0.327 4	0.662 1
5月	0.268 4	0.222 8	0.141 9	0.262 5
6月	0.395 6*	0.273 3	0.267 3	0.454 8
7月	0.287 3	0.181 8	0.141 2	0.254 4
8月	0.430 1*	0.194 8	0.059 6	0.100 0
9月	0.319 5	0.121 6	0.116 5	0.075 3
10月	0.056 9	0.047 8	0.606 2*	1.024 5

（续）

月份	月平均气温		月平均地温	
	趋势系数	倾向率/（℃/10 a）	趋势系数	倾向率/（℃/10 a）
11 月	0.298 7	0.423 9	0.496 2*	0.728 9
12 月	0.552 0*	0.894 2	0.697 1*	1.250 5

注：＊表示通过 0.05 显著性水平的 Student'T 检验。

4.1.4　地温变化

4.1.4.1　平均地温变化

由表 4 - 1 可知，1980—2005 年，平均地温的趋势系数为 0.740 2，即 26 年尖峰岭热带山地雨林区平均气温总体呈明显上升趋势；气候倾向率为 0.59 ℃/10 a，说明平均地温每 10 年上升 0.59 ℃。年平均地温变化趋势与年平均气温大致一样，但明显高于年平均气温，多年平均地温为 22.8 ℃，年际变化也呈上升趋势。其中 1985 年为年平均地温最低的一年，其值为 21.7 ℃，比年平均气温提早一年；与气温一样，1998 年为年平均地温最高的一年，其值为 24.3 ℃。

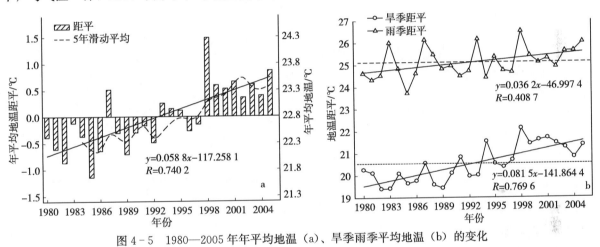

图 4 - 5　1980—2005 年年平均地温（a）、旱季雨季平均地温（b）的变化

由图 4 - 5 a 可知，1980—1992 年，除 1987 年外，平均地温距平都处于 0 ℃以下，即平均地温处于较低的时期，比 26 年平均值低出 0.43 ℃；1993—2005 年，平均地温处于较高的时期。如图 4 - 5 b，与旱雨季平均地温变化一样，旱季对年平均气温升高的贡献大于雨季。

4.1.4.2　平均最高最低地温变化

由表 4 - 1 可知，1980—2005 年，平均最高地温趋势系数为 0.280 0，呈上升趋势，气温增长率为 0.50 ℃/10 a；平均最低地温的趋势系数为 0.607 0，呈显著上升趋势，气候倾向率 0.80 ℃/10 a，每 10 年上升 0.80 ℃，比平均地温升高速度高出 0.21 ℃/10 a，这可以说明尖峰岭山地雨林区地面温度的增加主要是由最低地温显著升高造成的。

如图 4 - 6，年平均最高地温年际波动较大，而平均最低地温年际变化比较有规律，1993 年为其转折点，之后除 2004 年外，其余年份都是正距平，说明该地区 20 世纪 90 年代后平均最低地温升温趋势加强。

4.1.4.3　极端最高最低地温变化

由表 4 - 1 可知，1980—2005 年，极端最高地温和极端最低地温的趋势系数相近，为 0.5 左右，都呈明显上升趋势，气候倾向率也接近，约为 0.20 ℃/10 a，每 10 年上升 0.20 ℃。多年的年极端最高、最低地温的平均值分别为 59.3 ℃、2.1 ℃。值得一提的是，年极端最低地温最低值和年极端最

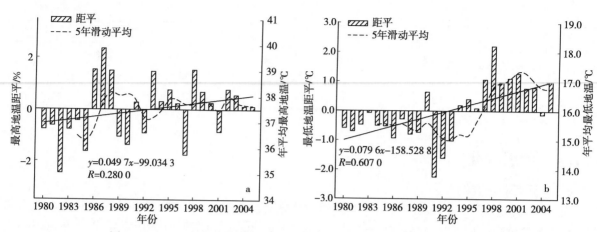

图 4-6　1980—2005 年年平均最高地温（a）、年平均最低地温（b）的变化

高地温最高值都出现在 1993 年，其值分别为－2.5 ℃和 64.8 ℃，回归趋势线基本一致（图 4-7）。

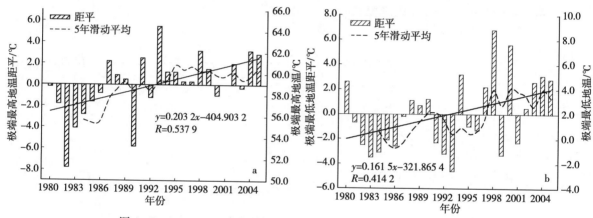

图 4-7　1980—2005 年极端最高地温（a）、极端最低地温（b）的变化

4.1.4.4　月平均地温变化

由表 4-2 知，月平均地温的趋势系数都为正值，即呈升高趋势，10 月至次年 2 月的气候倾向率都很高，呈显著上升，每 10 年升高 0.7～1.3 ℃。由图 4-8 b 知，平均地温的季节变化呈抛物线，最小值与气温一样，出现在 1 月，其值为 17.4 ℃；最大值提前于气温，出现在 5 月，其值为 26.7 ℃。

4.1.4.5　地气温差变化

地温与气温具有相当紧密的关系，地面冷热程度的强弱直接影响气温的高低，地气温差能显示出地气间的相对冷暖程度，也能表示出地面冷热源性质及其强度大小。从地气温差图（图 4-8 a）可看出：地气温差均为正值，即地温高于气温，热量是由地面输往大气；1980—2005 年地气温差呈上升趋势，每 10 年上升 0.28 ℃，80 年代波动比较剧烈。

由气温 0 cm 地温和地气温差的多年平均值季节变化可以看出（图 4-8 b），气温和 0 cm 地温曲线都呈抛物线型，变化趋势相同，最高值出现在雨季的 5—6 月，最低值出现在旱季的 12 月至次年 1 月。地气温差曲线明显不同于气温和地温，最大值出现在 4 月，与全国平均出现地气温差最大值的时间（6—7 月）相比，提前了 2～3 个月；最小值出现在雨季的 8 月，与全国平均出现地气温差最小值的时间（12 月至次年 1 月）相比，提前了 4～5 个月（陆晓波，2006）。这可能是因为 8 月为该区降水最丰月（约占全年降水量的 20%），过多的云雨天气大大削弱了到达地面的太阳辐射强度，因而地温与气温也受到影响，其中地温受其影响降温效应更显著，从而使得地气温差最小值比地气温差最大值小 2 ℃左右。

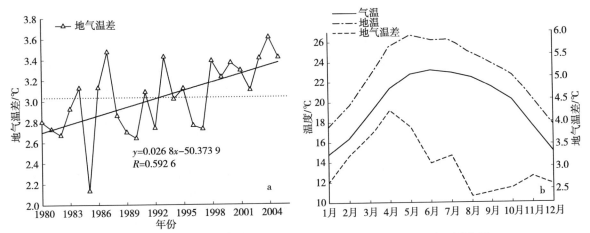

图 4-8　尖峰岭热带山地雨林区地气温差年代际变化（a）以及多年平均气温、
0 cm 地温和地气温差的季节变化（b）

4.1.4.6　年积温

积温是重要的热量资源，因为它对植物的生长发育与开花结果至关重要，同时也是限制植物分布的生态因子之一，如图 4-9，$\sum T>10$ ℃、$\sum T>15$ ℃、$\sum T>18$ ℃的年积温多年平均值在 5 600～7 200℃，表明尖峰岭热带山地雨林区积温资源丰富，适合热带林木生长发育。

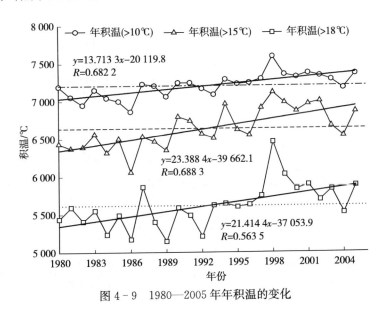

图 4-9　1980—2005 年年积温的变化

从表 4-1 可知，1980—2005 年 $\sum T>10$ ℃、$\sum T>15$ ℃、$\sum T>18$ ℃的年积温总体都呈现很强的正趋势，趋势系数在 0.5～0.7，气候倾向率为 130～240 ℃/10 a，表明尖峰岭热带山地雨林区的有效积温在增加，有利于热带林木生长。

如图 4-9 所示，年积温最大值都出现在 1998 年；而且 1990 年是一个分界线，1990 年之前年积温大多小于其多年平均值，此后大多都在平均值以上。

值得一提的是，这三条积温线变化图都有共同的剧烈波动期，即 1986—1987 年、1997—1998 年，这显然是对当时的全球变化的敏感响应，因为 1986—1987 年为拉尼娜年，1997—1998 年为厄尔尼诺年，即都是全球气候异常的年份（王绍武，1999）。

4.1.5　水分因子的动态变化

4.1.5.1　降水量与蒸发量的变化

4.1.5.1.1　降水量与蒸发量的年代际变化

从表 4-1 得知，26 年来尖峰岭山地雨林区降水量和蒸发量变化趋势不明显，降水量呈现弱的增长趋势，每年增长 9.32 mm；蒸发量呈现弱的减少趋势，每年减小 1.84 mm。这与海南 1950—2000 年的降水量和蒸发量的变化趋势一样（何春生，2004；周光益等，1998）。

图 4-10 显示，尖峰岭山地雨林区 26 年的多年平均降水量为 2 449.0 mm，最大值为 1991 年的 3 662.3 mm，最小值为 1998 年的 1 305.5 mm。多年平均蒸发量为 1 248.8 mm，最大值出现在 1996 年，值为 1 626.9 mm；最小值出现在 1997 年，值为 1 032.3 mm。降水量和蒸发量的相对变率分别为 20.9% 和 7.5%，这表明该区逐年降水量变动大，而逐年蒸发量变动小。

由图 4-10 c 可知各年的水分平衡状况，多年平均年降水量与年蒸发量的比值为 2.0，这表明尖峰岭山地雨林区降水比较丰富。除了 1998 年，其余年份年降水量与年蒸发量的比值都大于或等于 1，1987 年降水和蒸发持平，达到大气水分平衡。1998 年年降水量少于蒸发量，这是因为 1998 年受厄尔尼诺影响，气候异常，海南出现严重干旱（李意德等，1998；张黎明等，2006）。

4.1.5.1.2　旱雨季的降水量和蒸发量变化

受历年台风的影响，同时根据历年降水在各月份的分布，可以明显划分出旱季为 11 月至次年 4 月，雨季为 5—10 月。由图 4-10 d 和表 4-1 可以看出，旱雨季降水量和旱季蒸发量的趋势系数都为正数，呈增长趋势；前文提到的年蒸发量减少，主要是由于雨季蒸发量平均每年减少 2.54 mm。

平均雨季降水量为 2 138.7 mm，占年降水量的 86.7%；平均旱季降水量为 310.2 mm，占年降水量的 13.3%。旱季降水量变化不明显，大多在 500 mm 以下，年际间雨季降水量波动都比较剧烈。

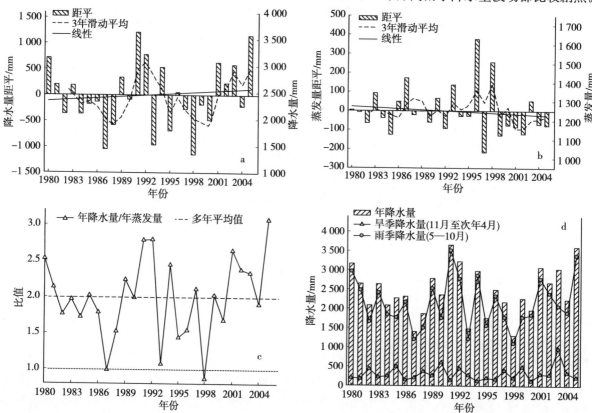

图 4-10　1980—2005 年年降水量（a）、年蒸发量（b）、年降水量/年蒸发量（c）、旱季和雨季降水量（d）的变化

4.1.5.1.3　降水量和蒸发量的年变化

降水量和蒸发量的年变化见表 4-3，1980—2005 年，有 5 个月的降水量趋势系数为负值，即呈下降趋势，这 5 个月分别是 2 月、4 月、5 月、6 月、10 月；其余 7 个月的降水量显现升高趋势。升高幅度最大的为 8 月，平均每 10 年增加 114.8 mm；降低幅度最大的为 10 月，平均每 10 年减少 117.3 mm，可见月降水量变化最大的都处于雨季。蒸发年变化不同于降水，26 年中，3 月、5 月、6 月、7 月、8 月、9 月这 6 个月的蒸发量呈下降趋势，其余 6 个月呈升高趋势；升高幅度最大的为 10 月，平均每 10 年增加 13.2 mm；降低幅度最大的为 9 月，平均每 10 年减少 12.0 mm，与降水年变化相同，月蒸发量变化最大的也处于雨季。

表 4-3　尖峰岭热带山地雨林区月降水量和月蒸发量的趋势系数和气候倾向率

月份	降水量			蒸发量		
	降水量/mm	趋势系数	气候倾向率/(mm/10 a)	蒸发量/mm	趋势系数	气候倾向率/(mm/10 a)
1 月	18.4	0.034 0	0.6	70.3	0.255 9	3.3
2 月	34.1	−0.059 6	−3.1	69.0	0.242 3	6.1
3 月	36.1	0.264 7	10.0	116.2	−0.189 4	−5.7
4 月	104.9	−0.246 0	−26.6	137.2	0.020 2	0.8
5 月	198.3	−0.069 7	−11.0	145.1	−0.295 4	−9.8
6 月	339.9	−0.259 8	−89.2	126.8	−0.174 3	−4.2
7 月	465.6	0.072 7	33.5	129.2	−0.074 5	−4.0
8 月	485.9	0.333 7	114.8	108.0	−0.304 2	−8.5
9 月	419.4	0.321 4	114.4	93.7	−0.553 3*	−12.0
10 月	229.7	−0.497 9*	−117.3	104.1	0.172 9	13.2
11 月	87.9	0.268 2	54.7	82.3	0.052 5	1.0
12 月	28.8	0.295 7	12.4	67.0	0.108 3	1.5

注：* 表示通过 0.05 显著性水平的 Student' T 检验。

由表 4-3 可知，该区降水量主要集中在雨季的 5—10 月，而全海南岛降水过程集中在 8—10 月（张黎明等，2006），相比起来，尖峰岭降水时间要长；蒸发量主要集中在 4—7 月，而全海南岛蒸发过程集中在 5—7 月，同样蒸发周期长。从季节分布来看，该区降水主要集中在夏秋季，季度降水量在 1 000 mm 左右。从降水和蒸发平衡来看，5—10 月降水显著多于蒸发，11 月至次年 4 月蒸发多于降水或二者接近，这也是尖峰岭旱雨季界定的主要依据。

4.1.5.2　水气压和相对湿度

由表 4-1 知，1980—2005 年，平均相对湿度呈现弱的增长趋势，每 10 年增加 0.26%；平均水汽压呈现显著的增加趋势，每 10 年增加 0.38 hPa。

从图 4-11 和绝对数值来看，26 年间相对湿度波动较大，多年平均值为 88.76%，最大值 90.63% 出现在 2002 年，最小值 86.80% 出现在 1991 年；20 世纪 80 年代水汽压均低于多年平均值（20.77 hPa），20 世纪 90 年代波动较大；最大值为 1998 年的 21.61 hPa，最小值出现在 1986 年。

据上述分析可以看出，尖峰岭山地雨林区的水分因子年际变动较大，存在明显的旱季雨季分配格局。1993—1999 年，降水量、蒸发量、水汽压和相对湿度都出现过剧烈波动，究其原因，与 1997 和 1998 年的厄尔尼诺现象密切相关，还与研究区内的大的人为干扰有关。因为 1993 年之后林区全面停止砍伐，而且在 1993—1996 年，保护区在海拔 800 m 的缓冲区内建起了近 40 hm² 的人工湖——天池，这改变了下垫面性质，对水分因子产生很大影响。

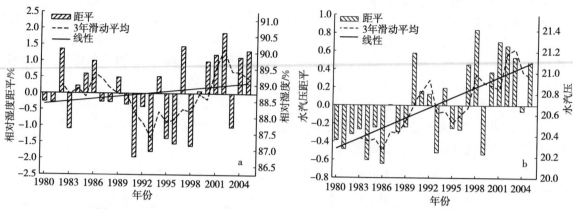

图 4-11　1980—2005 年年平均相对湿度（a）和年平均水汽压（b）的变化

4.1.6　风的动态变化

由表 4-1 和图 4-12 a 可知，海南尖峰岭山地雨林区 1980—2005 年的年平均风速与全海南岛 1950—2000 年的平均风速变化趋势一致（周光益等，1998 a；何春生，2004），呈明显下降趋势，每 10 年减小 0.27 m/s，多年平均值为 1.2 m/s。其原因是 20 世纪 80 年代登陆海南的台风较多，平均每年 2.5 个，20 世纪 90 年代以后由于台风发生季节延长，路径向北推移，使得每年登陆海南的台风不到 1 个。最大年平均风速 2.0 m/s 出现在 1980 年，最小年平均风速 0.75 m/s 出现在 2004 年。从图 4-12 b 可以看出，该地区 22 年的主要来风方向为正南方向，其次为西南方向。

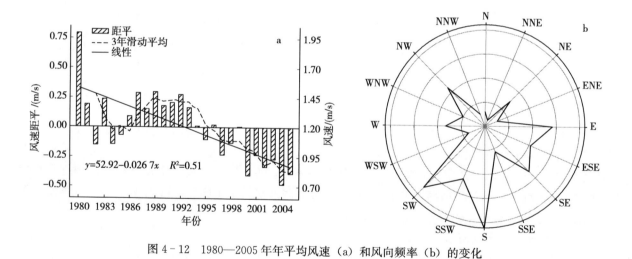

图 4-12　1980—2005 年年平均风速（a）和风向频率（b）的变化

4.2　气候增暖分析

气候增暖作用指数在 1980—2005 年这一时段内的变化如图 4-13 所示。这 26 年间，尖峰岭山地雨林，气候增暖作用指数呈明显上升趋势，1992 年之前指数总体位于 0 以下，1992 年之后显著上升到 0 以上。1998 年指数最高达，7.36（陈步峰等，1998；吴仲民等，1998；王绍武，1999；李晓燕，2000）。1998 年为强 ENSO 事件发生年，表现为异常气候，气候增暖作用指数也恰恰反映了这一点，即是尖峰岭热带山地雨林区小气候对全球气候异常的一次明显响应。

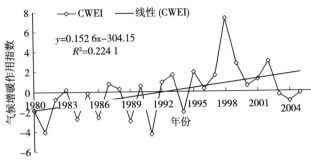

图 4-13　1980—2005 年尖峰岭气候增暖作用指数的变化动态

4.3　气候突变分析

　　用累积距平法和 M-K 检验法检测了尖峰岭山地雨林区年平均气温、平均地温和平均最高最低气温在 26 年来所发生的突变现象，突变情况如表 4-4 所示。

表 4-4　气候突变和气候异常年份

气候统计指标	累积距平法	Mann-Kendall 检验法	气候接近异常	气候异常
平均气温/℃	1993	1993	1986（一）	1998（＋）
平均最高气温/℃	1989	1989	—	1994（＋）
平均最低气温/℃	1987	1988	1998（＋），1994（＋）	1999（一）
平均地温/℃	1992	1994	1985（一）	1998（＋）
平均最高地温/℃	1990	1986	1993（＋）	1990（＋）
平均最低地温/℃	1993	多个突变点	1993（一），2000（＋）	1998（＋）
地气温差/℃	1994	2000	2004（＋）	1985（一）
年积温（>10 ℃）/℃	1993	1993	1982（一）	1986（一），1998（＋）
年积温（>15 ℃）/℃	1993	1991	1986（一）	1998（＋）
年积温（>18 ℃）/℃	1994	1994	1986（一），1989（一）	1998（＋）
年降水量/mm	1988，2000	无突变点	1987（一），1992（一），1998（一），2005（＋）	—
年蒸发量/mm	1997	多个突变点	1997（一）	1996（＋）
平均相对湿度/%	1998	多个突变点	1993（一），2002（＋）	—
平均水汽压/hPa	1989	1989	1998（＋），2001（＋）	—
日照时数/h	多个突变点	多个突变点	1983（＋），1990（＋）	1989（一）
平均风速/（m/s）	1993	1999	2004（一）	1980（＋）

　　注：（＋）表示异常偏暖年，（一）表示异常偏冷年，—表示无异常。

4.3.1　平均气温和平均地温突变

　　检测结果如图 4-14 所示，从图 4-14 a 和图 4-14 c 可以看出年平均气温在 26 年中的突变点都为 1993 年，滞后于 20 世纪 80 年代全球性气候突然变暖（蒋有绪等，1991；Karl et al.，1996；李意德等，2002；何春生，2004）。1993 年突变前、后平均值相比较，温度上升了 0.51 ℃（下文中的突变幅度均指突变后与突变前的两个时间段平均值的差值）。如图 4-14 c 中的曲线 C_1 所示，年平均气温在 1993 年以后有一明显增暖趋势，1995—2005 年这种趋势均大大超过了 0.05 临界线（$u_{0.05}=$ 1.96），甚至超过 0.01 显著性水平（$u_{0.01}=2.56$），表明尖峰岭山地雨林区近 10 年平均气温上升趋势是很明显的。与之相对应（图 4-14 b 和图 4-14 d），年平均地温在 1992—1994 年发生了 1 次增大突变，增大幅度为 0.86 ℃。

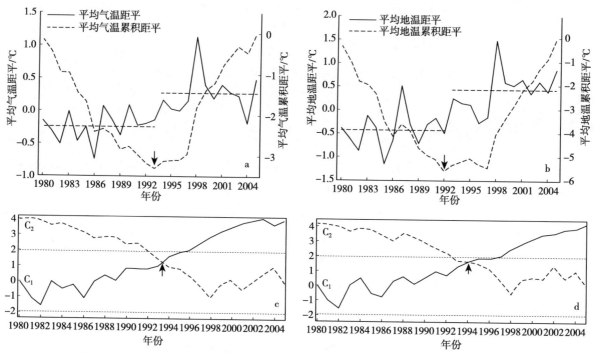

图 4-14　1980—2005 年年平均气温、年平均地温的距平曲线和累积距平曲线（a、b）
及其相应的 M-K 检验曲线（c、d）

4.3.2　最高和最低气温突变

从图 4-15 a 和图 4-15 c 可以看出，年平均最高气温在 1989 年有一次大的突变，增大幅度为 1.08 ℃；由图 4-15 b 和图 4-15 d 可知，年平均最低气温在 1987—1988 年有一次显著的增暖过程，增大幅度为 2.01 ℃，这两个突变现象是研究区气候对全球气候变化的同步反应，因为在 20 世纪 80 年代中期，全球温度场有 1 次明显的突然升温过程发生（蒋有绪等，1991；何春生，2004；林培松等，2005；魏凤英，2007）。

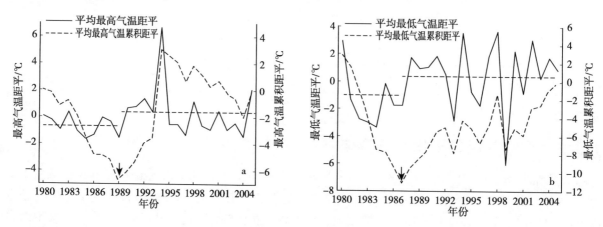

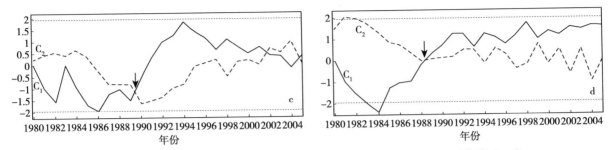

图 4 - 15　1980—2005 年年最高气温、年最低气温的距平曲线和累积距平曲线（a、b）
及其相应的 M - K 检验曲线（c、d）

4.3.3　降水量和蒸发量的突变

　　如图 4 - 16 a 所示，距平累积曲线测出年降水量在 26 年中有三个突变点，分别是 1988 年、1992 年和 2000 年，呈 W 形变化趋势；由图 4 - 16 c 可知，曲线 C_1 和 C_2 无交点，即 M - K 检验得出年降水量无突变现象，但是可以看出年降水量的变化趋势，1980—1998 年，年降水量有一明显下降趋势，在 1987—1988 年这种下降趋势大大超过了 0.05 的临界线（$-u_{0.05} = -1.96$），表明下降趋势十分明显，之后又急剧上升。

　　如图 4 - 16 b 所示，累积距平曲线表明年蒸发量在 1996—1998 年间有一个突变点，发生了一次蒸发量下降突变，下降幅度为 55.9 mm。M - K 检验测出结果（如图 4 - 16 d）为，出现多个突变点，这是由于 M - K 检验不适合时间序列存在多个突变点（符淙斌，1994；Goupillaud et al.，2002；Cazelles et al.，2008）。

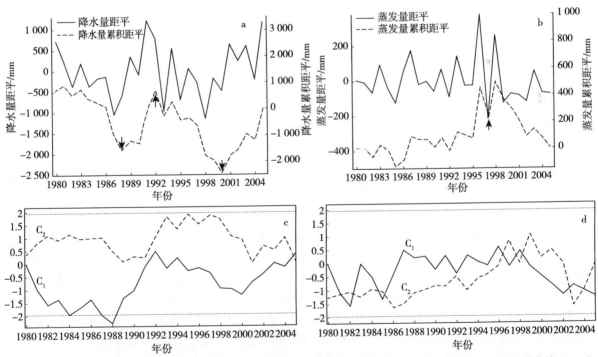

图 4 - 16　1980—2005 年年降水量、蒸发量的距平曲线和累积距平曲线（a、b）及其相应的 M - K 检验曲线（c、d）

4.3.4　水汽压和风速的突变

　　根据图 4 - 17 a 和图 4 - 17 c，通过累积距平法和 M - K 检测法检测得知，年平均水汽压在 1989

年发生了一次增大突变过程，增大幅度为 0.56 hPa。

　　由图 4-17 b 可以得知，年平均风速在在 1993 年前后有明显的转折，1993 年以前累积曲线（虚线）是上升趋势，以风速正距平为主；而 1993 年以后累积曲线呈下降趋势，以负距平为主。1993 年以前平均风速距平为 0.18 m/s，1993 年以后平均风速距平为下降了 0.39 m/s。由图 4-17 d 得出，C_1 和 C_2 的交点位于 1999 年附近，说明 M-K 检测法测出年平均风速在 1999 年出现一次突变，减小幅度为 0.42 m/s。

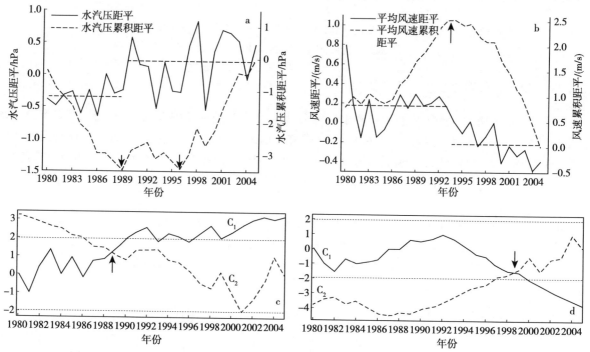

图 4-17　1980—2005 年年平均水汽压、年平均风速的距平曲线和累积距平曲线（a、b）
及其相应的 M-K 检验曲线（c、d）

4.4　气候异常分析

　　气候异常是指气候明显偏离平均状态的稀有现象。自 20 世纪 70 年代以来，全球气候不断发生大范围的异常现象，气候异常愈来愈受到人们的关注。

　　由表 4-4 可以得出，16 个气候统计指标中，异常年份为 1998 年的占到 9 个，可见在尖峰岭热带山地雨林区 1998 年确实为气候异常年，表现为气温和地温偏高、降水量偏少、雨季蒸发量偏高和水气压偏高。1950—2000 年，全海南岛同样在 1998 年出现平均气温偏高、1 月平均气温偏高、年极端最低温度偏高等现象（Karl，1993；李意德等，2002）。究其原因，和全球大范围气候异常紧密相关，1998 年为厄尔尼诺和拉尼娜年，强暖事件和冷事件同时在一年中出现，ENSO 指数达 2.21，因为每次厄尔尼诺与反厄尔尼诺过程都会引起气温、降水发生明显异常（王绍武，1994；王菱等，2004）。平均气温和年积温在 1986 年都出现异常偏低，可能是由于 1985 年拉尼娜现象对次年的影响。

　　由表 4-4 还可以得出，降水、蒸发、日照和风速的异常年份较突出，同时存在异常偏高和偏低的年份；而湿度和水汽压只是出现接近异常偏高的年份。

　　绝大多数气候异常发生在 1990 年以后，说明尖峰岭热带雨林区最近十几年气候异常较突出。年降水量接近异常的年份最多，达 4 年，这是因为 1987 年、1992 年、1998 年都发生过厄尔尼诺事件（表 4-5），造成大气环流和洋流异常。

表 4 - 5　1980—2005 年的 ENSO 年

类型	发生年份								
厄尔尼诺年	1982 年	1983 年	1986 年	1987 年	1988 年	1990 年	1991 年	1992 年	1993 年
	1994 年	1995 年	1998 年	2002 年	2004 年				
拉尼娜年	1984 年	1985 年	1988 年	1989 年	1995 年	1996 年	1998 年	2000 年	2001 年

由表 4 - 4 和表 4 - 5 可以看出，ENSO 发生的年份，尖峰岭山地雨林区气候都出现了异常或接近异常，由此可见，在全球气候变化下，气候异常频繁出现，从 1980—2005 年，该林区的森林气候变化正是对全球气候异常的明显响应过程。

4.5　小结与讨论

本研究首次利用气候趋势分析法和气候增暖作用指数分析法对热带森林气候长期变化特征进行研究，得到以下结果：

（1）海南尖峰岭山地雨林区 26 年来，热因子（包括气温、地温、地气温差、年积温）均呈上升趋势，其中平均气温、平均地温、极端最高最低地温、年积温都呈显著上升趋势，日照呈下降趋势；水因子（降水和蒸发）变化趋势不显著，降水量呈现弱的增加趋势，年蒸发量呈现弱的减少趋势。

（2）月平均气温和月平均地温都呈上升趋势，其中月平均气温 1 月、4 月、6 月、8 月、12 月表现出很强的正趋势，月平均地温 1 月、10 月、11 月、12 月表现出很强的正趋势。

（3）地气温差方面，该区 26 年的地气温差均为正值，表明热量是由地面输往大气，总体呈上升趋势，季节变化最大值出现在旱季的 4 月，最小值出现在雨季的 8 月。

（4）年积温总体都呈现很强的正趋势，表明热量条件充足，有利于热带林木的生长。

（5）最低温度的变化比最高温度要敏感，即最低温度的增长速率都大于最高温度的增长速率，说明尖峰岭热带山地雨林区气候变暖来自最低温度升高的贡献。

（6）海南尖峰岭山地雨林区 26 年年降水量与年蒸发量的比值约为 2.0，表明该区降水量相对比较丰富，但季节分布不均，存在明显的旱季和雨季。月降水量和月蒸发量年际变化规律不一，但 10 月的降水量和 9 月的蒸发量呈显著的下降趋势。

（7）年平均相对湿度呈现弱的增长趋势；年平均水汽压呈现显著的增加趋势。

（8）海南尖峰岭山地雨林区 26 年来年平均风速呈明显减小趋势，主要来风方向为正南方向。

（9）气候增暖作用指数 1980—2005 年呈明显上升趋势，表明在该区气候增暖作用显著，强 EN-SO 事件发生的 1998 年，该指数也达最高，这些都说明尖峰岭热带山地雨林区的气候存在对全球气候变暖和气候异常的明显响应过程。

气候变化对森林的影响是多方面的，包括对森林生产力和生物量、森林的物种组成和结构、森林的分布、森林的生物地球化学循环和森林的水分平衡等。尖峰岭热带雨林区近 26 年来，一方面，年日照呈微弱下降趋势，这可能会减弱植物的光合作用从而降低林木生产力；另一方面，降水和湿度增加，蒸发减弱，这也加快了林木的新陈代谢，促进了养分循环，有利于森林生态系统更新。

从气候增暖作用指数所表征的意义来看，该指数的显著增加，强烈地反映出该地区年平均气温增长、冷季降水增加、暖季干旱增强这一鲜明的趋势特点。不按季节的降雨会使大多数树木不落叶，地面的枯枝落叶层不能形成，节肢动物如蜈蚣、甲虫等会因缺乏栖息生境和食物而大量减少，由此影响生物链上的一系列物种，进而影响整个森林生态系统的物质流、能量流，使原本复杂多样的森林生态系统失稳、简单化，直至构成一个更为脆弱的新的平衡体系。

未来全球气候变暖可能会使极端高温和寒冷的频度和强度加大以及气候的季节波动更为明显（周光益等，1998 b），2008 年年初南方冰冻雨雪灾害就是明显的体现，而极端高温或低温对很多物种来说可能是致命的。气候变化的另一个间接结果就是可能使极端灾害（如火灾、虫灾、干旱、飓风和热带风暴等）的发生频率和强度增加。尖峰岭地处海南岛，受 ENSO 事件、热带风暴和台风等极端气候事件影响较大。虽然近 26 年来，特别是 20 世纪 90 年代以后，登陆尖峰岭的台风明显减少，但是这些极端气候事件对热带雨林来说破坏力是巨大的，它们对雨林生态系统结构的改变往往起着决定性作用。《生态学杂志》于 1998 年专门出了一辑有关台风对海南热带森林影响的论文，从台风影响下的台风暴雨再分配规律（周光益等，1998 a；王敏英等，2007）、森林群落机械损伤（李意德等，1998；许涵等，2008）、水文功能规律（陈步峰等，1998；李白萍等，2007）、凋落物特征（吴仲民等，1998；张弥等，2005）和土壤流失量（周光益等，1998 b；魏凤英，2007）等方面进行了详细分析；王敏英等人（王敏英等，2007；Cazelles et al.，2008）也针对海南中部丘陵受达维台风影响下 4 种植物群落凋落物动态进行了分析；许涵等人（2008）也对台风对海南尖峰岭热带山地雨林区群落的影响进行了研究。但是长期监测研究台风对森林生态系统的影响，包括对群落的养分动态变化，乔木层及林下种苗的更新动态等方面尚未见报道。

所以，今后有关尖峰岭热带雨林区植被与气候的研究，应着重把森林生态系统对气候变化的响应过程模型和极端气候事件影响下的热带山地雨林区森林生态系统的生态学过程当作为探索的重点内容之一。

森林是一个特殊的下垫面，通过对降水、局地环流的促进作用而改变不同尺度和区域范围的气候，随着气候变化的加剧，这一作用更加明显。尖峰岭热带雨林区近 26 年来，气温、地温和有效积温显著增加，一方面加快了林木的新陈代谢，促进了养分循环，有利于森林生态系统更新；另一方面，温度的升高，可能会影响整个森林生态系统的物质流、能量流，使原本复杂多样的森林生态系统失稳且更简单化，直至构成一个更为脆弱的新的平衡体系。

根据已有的森林长期气候资料来看，尖峰岭热带山地雨林区气温增长率 0.32 ℃/10 a，远小于西藏色季拉山林区的 10.20 ℃/10 a（李白萍等，2007），大于长白山阔叶红松林的气温增长率（张弥等，2005）；从大范围内来看，该地区气温增长率都高于全国（任国玉等，2005）和海南岛（林培松等，2005）的平均水平。造成这样一种变化格局的机制，有待深入研究。

气候变化对森林的影响是多方面的，包括森林生产力和生物量、森林的物种组成和结构、森林的分布、森林的生物地球化学循环和森林的水分平衡等。影响尖峰岭热带山地雨林区近 26 年气候变化的因素有外部因素和内部因素，外部因素主要是指太阳活动的影响，而内部因素对尖峰岭气候变化的影响占主导地位。内部因素主要是大气环流（包括 ENSO 事件、台风等）和人为干扰（尖峰岭 20 世纪 80 年代的森林砍伐、人工湖面的建立），这些因素是如何影响尖峰岭气候变化的，还有待以后进一步研究。

另外，随着气象数据的累积和植被及卫星资料的收集，有关尖峰岭植被与气候变化方面的研究，将重点进行气候变化周期和趋势预估、气候变化对植被的响应及植被气候生产力方面的研究。

主要参考文献

常杰，潘晓东，葛滢，等，1999. 青冈常绿阔叶林内的小气候特征 [J]. 生态学报，19 (1)：68-75.

陈步峰，周光益，李意德，等，1998. 热带山地雨林生态系统的暴雨水文生态效益 [J]. 生态学杂志，17 (Sup.)：63-67.

陈隆勋，朱文琴，王文，等，1998. 中国近45年来气候变化的研究 [J]. 气象学报，56 (3)：257-271.

陈颖，2001. 中国气候变化指数分析. 新疆气象，24 (2)：13-15.

丁一汇，任国玉，石广玉，等，2006. 气候变化国家评估报告 I：中国气候变化的历史和未来趋势 [J]. 气候变化研究进展，2 (1)：3-8.

符淙斌，1994. 气候突变现象的研究 [J]. 大气科学，18 (3)：373-384.

符淙斌，王强，1992. 气候突变的定义和检测方法 [J]. 大气科学，16 (4)：482-493.

高峰，孙成权，曲建升，2001. 全球气候变化研究的新认识——IPCC第三次气候评价报告第一工作组报告概要 [J]. 地球科学进展，16 (3)：442-445.

何春生，2004. 海南岛50年来气候变化的某些特征 [J]. 热带农业科学，24 (4)：19-24.

贺萍，孙勇，2008. 小兴安岭五营林区近50 a的气候动态 [J]. 黑龙江气象，25 (Sup)：1-3.

贺庆棠，2000. 中国森林气象学 [M]. 北京：中国林业出版社.

黄全，李意德，郑德璋，等，1986. 海南岛尖峰岭地区热带植被生态系列的研究 [J]. 植物生态学报，10 (2)：90-105.

蒋有绪，卢俊培，等，1991. 中国海南岛尖峰岭热带林生态系统 [M]. 北京：科学出版社.

李白萍，潘刚，潘贵元，2007. 西藏色季拉山林区近10年小气候变化特征分析 [J]. 安徽农业科学，35 (27)：8632-8634.

李海涛，陈灵芝，1999. 暖温带山地森林的小气候研究 [J]. 植物生态学报，23 (2)：139-147.

李克让，曹明奎，於琍，等，2005. 中国自然生态系统对气候变化的脆弱性评估 [J]. 地理研究，24 (5)：653-663.

李晓燕，翟盘茂，2000. ENSO事件指数与指标研究 [J]. 气象学报，58 (1)：102-109.

李意德，陈步峰，周光益，等，2002. 中国海南岛热带森林及其生物多样性保护研究 [M]. 北京：中国林业出版社.

李意德，许涵，骆土寿，等，2012. 海南尖峰岭站生物物种数据集 [M]. 北京：中国农业出版社.

李意德，周光益，林明献，等，1998. 台风对热带森林群落机械损伤的研究 [J]. 生态学杂志，17 (Sup.)：9-14.

林媚珍，张镱锂，2001. 海南岛热带天然林动态变化 [J]. 地理研究，20 (6)：703-712.

林培松，李森，李保生，等，2005. 近20 a来海南岛西部土地沙漠化与气候变化关联度研究 [J]. 中国沙漠，25 (1)：27-32.

刘文杰，张克映，王昌命，等，2001. 西双版纳热带雨林干季林冠层雾露形成的小气候特征研究 [J]. 生态学报，21 (3)：48-49.

罗云峰，吕达仁，周秀骥，2002. 30年来我国大气气溶胶光学厚度平均分布特征分析 [J]. 大气科学，26 (6)：721-730.

欧阳旭，李跃林，张倩媚，等，2014. 鼎湖山针阔叶混交林小气候调节效应 [J]. 生态学杂志，33 (3)：575-582.

气候变化国家评估报告编写委员会. 2014. 第三次气候变化国家评估报告 [M]. 北京：科学出版社.

任国玉，郭军，徐铭志，等，2005. 近50年中国地面气候变化基本特征 [J]. 气象学报，63 (6)：942-956.

施能，陈家其，屠其璞，1995. 中国近100年来4个年代际的气候变化特征 [J]. 气象学报，53 (4)：431-439.

汪宏宇，龚强，孙凤华，等，2005. 东北和华东东部气温异常特征及其成因的初步分析 [J]. 高原气象，24 (6)：1024-1033.

王菱，谢贤群，苏文，等，2004. 中国北方地区50年来最高和最低气温的变化和影响 [J]. 自然资源学报，19 (3)：

337-343.

王敏英，刘强，高静，2007. 海南岛中部丘陵地区受台风侵袭影响的 4 种植物群落凋落物动态 [J]. 海南大学学报，20：156-160.

王绍武，1990. 近百年我国及全球气温变化趋势 [J]. 气象学报，16（2）：11-16.

王绍武，1994. 近百年来气候变化与变率的诊断研究 [J]. 气象学报，52（3）：261-273.

王绍武，1999. 近百年来的 ENSO 事件及其强度 [J]. 气象学报，25（1）：9-13.

魏凤英，1999. 现代气候统计诊断与预测技术 [M]. 北京：气象出版社.

魏凤英，2007. 现代气候统计诊断与预测技术（第二版）[M]. 北京：气象出版社.

魏凤英，曹鸿兴，1995. 中国、北半球和全球的气温突变分析及其趋势预测研究 [J] 大气科学，19（2）：140-148.

吴仲民，杜志鹄，林明献，等，1998. 热带风暴（台风）对海南岛热带山地雨林凋落物的影响 [J]. 生态学杂志，17（Sup.）：26-30.

许格希，罗水兴，郭泉水，等，2014. 海南岛尖峰岭 12 种热带常绿阔叶乔木展叶期与开花期对气候变化的响应 [J]. 植物生态学报，38（6）：585-598.

许涵，李意德，骆土寿，等，2008. 达维台风对海南尖峰岭热带山地雨林群落的影响 [J]. 植物生态学报，32（6）1323-1334.

闫俊华，周国逸，韦琴，2000. 鼎湖山季风常绿阔叶林小气候特征分析 [J]. 武汉植物学研究，18（5）：397-404.

叶笃正，1992. 中国的全球变化预研究 [M]. 北京：气象出版社.

叶笃正，陶诗言，李麦村，1958. 在 6 月和 10 月大气环流的突变现象 [J]. 气象学报，29（4）：249-263.

尹云鹤，吴绍洪，陈刚，2009. 1961—2006 年我国气候变化趋势与突变的区域差异 [J]. 自然资源学报，24（12）：2147-2157.

尤卫红，1998. 气候变化的多尺度诊断分析和预测的多种技术方法研究 [M]. 北京：气象出版社.

虞海燕，刘树华，赵娜，等，2011. 我国近 59 年日照时数变化特征及其与温度，风速，降水的关系 [J]. 气候与环境研究，16（3）：389-398.

曾庆波，李意德，陈步峰，等，1997. 热带森林生态系统研究与管理 [M]. 北京：中国林业出版社.

张黎明，魏志远，漆智平，2006. 近 30 年海南不同地区降雨量和蒸发量分布特征研究 [J]. 中国农学通报，22（4）：403-407.

张弥，关德新，等，2005. 长白山阔叶红松林近 22 年的气候动态 [J]. 生态学杂志，24（9）：1007-1012.

张丕远，葛全胜，1990. 气候突变：有关概念的介绍及一例分析：我国旱涝灾情的突变 [J]. 地理研究，9（2）：92-100.

张一平，刘玉洪，马友鑫，等，2002. 热带森林不同生长时期的小气候特征 [J]. 南京林业大学学报（自然科学版），26（1）：83-87.

赵俊斌，张一平，宋富强，等，2012. 西双版纳热带植物园热量变化趋势 [J]. 南京林业大学学报（自然科学版），36（1）：47-52.

郑艳，张永领，吴胜安，2005. 海口市气温变化及最高最低气温的非对称变化 [J]. 气象学报，31（7）：28-31.

周光益，陈步峰，李意德，等，1998a. 热带林生态系统对台风暴雨的再分配规律 [J]. 生态学杂志，17（Sup.）：31-36.

周光益，吴仲民，陈步峰，等，1998b. 尖峰岭不同降水条件下无林与有林地坡面土壤流失量比较 [J]. 生态学杂志，17（Sup.）：42-47.

周璋，李意德，林明献，等，2009. 海南岛尖峰岭热带山地雨林区 26 年的气候变化特征 [J]. 生态学报，29（3）：1112-1120.

ALLEYRB, MAROTZKEJ, NORDHAUSWD, 2003. Abrupt climate change [J]. Science, 229：2005-2010.

Cannell M G R, 1984. Spring frost damage on young piceastitchensis：1. Occurrence of damaging frosts in Scotland compared with Western North America [J]. Forestry, 57：159-175.

Cannell M G R, Sheppard L J, Smith R I, et al., 1985. Autumn frost damage on young piceastichensis：2. Shoot frost hardening, and the probability of frost damage in Scotland [J]. Forestry, 58：145-166.

Cazelle S B, Chave Z M, Berteau X D, et al., 2008. Wavelet analysis of ecological time series [J]. Oecologia, 156

（2）：287 – 304.

Chen X Q，Hu B，Yu R，2005. Spatial and temporal variation of phonological growing season and climate change impacts in temperate eastern China ［J］. Global Change Biology，11：1118 – 1130.

Cheng H，2004. Abrupt climate change debate or action ［J］. Chinese Science Bulletin，49（18）：1997 – 2002.

Fang J Y，Kato T，Guo Z D，et al.，2014. Evidence for environmentally enhanced forest growth ［J］. Proceedings of the National Academy of Sciences，111：9527 – 9532.

Gordo O，Sanz J J，2009. Long – term temporal changes of plant phenology in the Western Mediterranean ［J］. Global Change Biology，15：1930 – 1948.

Goupillau D P，Grossma N，Morle T J，1984. Cycle – Octave and related transforms in seismic signal Analysis ［J］. Geoexploration，23：85 – 102.

Hao Y B，Wang Y F，Huang X Z，et al.，2007. Seasonal and interannual variation in water vapor and energy exchange over a typical steppe in Inner Mongolia，China ［J］. Agricultural and Forest Meteorology，146：57 – 69.

Hao Y B，Wang Y F，Huang X Z，et al.，2007. Seasonal and interannual variation in water vapor and energy exchange over a typical steppe in Inner Mongolia，China ［J］. Agric. For. Meteorol，146，57 – 69.

Joaquin M S，Christoph R，Jean – Christophe C，et al.，2008. Joint assimilation of surface soil moisture and LAI observations into a land surface model ［J］. Agric. For. Meteorol，3，3882 – 3894.

Jones P D，1988. Hemispheric surface air temperature variations：recent trend and an update to 1987 ［J］. Journal of climate，1：654 – 660.

Karl T R，Knight R W，Easterling D R，et al.，1996. Indices of Climate Change for the United States ［J］. Bulletin of the American Meteorological Society，77：279 – 292.

Karl T R，1993. Asymmetric trends of daily maximum and minimum temperature ［J］. Bull Amer Metero Soc，74（6）：1007 – 1023.

Kimmins J P，Comeau P G，Kurz W，1990. Modeling the interactions between moisture and nutrients in the control of forest growth ［J］. For. Ecol. Manage，30：361 – 379.

Kramer K，Friend A，Leinonen I，1996. Modeling comparison to evaluate the importance of phenology and spring damage for the effects of climate change on growth of mixed temperate zone deciduous forests ［J］. Climate Res，7：31 – 41.

Kucharik C J，Foley J A，Delire C，et al.，2000. Testing the performance of a dynamic global ecosystem model：water balance，carbon balance，and vegetation structure ［J］. Global Biogeochemical Cycles，14：795 – 825.

Malhi Y，Pegoraro E，Nobre A D，et al.，2002. The water and energy dynamics of a central Amazonian rainforest ［J］. Journal of Geophysical Research：Atmospheres，107：LBA45 – 1 – LBA45 – 17.

Morecroft M D，Taylor M E，Oliver H R，1998. Air and soil microclimates of deciduous wood land compared toanopensite ［J］. Agricultural and Forest Meteorology，90：141 – 156.

Russo J M，Liebhold A M，Kelley J G，1993. Mesoscale weather data as in puttoagypsymoth （Lepidoptera：Lymantriidae） phenologymodel ［J］. Journal of Economic Entomology，86：838 – 844.

Xia Y，Fabian P，Stohl A，et al.，1999. Forest climatology：Estimation of missing values for Bavaria，Germany ［J］. Agric. For. Meteor. 96：131 – 144.

Zeng N，Neelin J D，1999. A land – atmosphere interaction theory for the tropical deforestation problem ［J］. Journal of Climate，12：857 – 872.

附　　表

附表1　尖峰试验站气象站月平均温度（℃）

年份	1月	2月	3月	4月	5月	6月	7月	8月	9月	10月	11月	12月	年平均	备注
1957	19.8	19.4	22.5	25.9	27.8	27.8	27.6	27.1	25.8	24.1	22.7	21.2	24.3	
1958	20.3	19.2	24.6	27.1	29.2	28.5	27.6	27.1	26.3	23.8	21.3	19.8	24.6	
1959	19.6	22.6	22.5	26.3	27.3	30.3	27.9	26.7	26.1	24.0	22.6	21.7	24.8	
1960	19.9	20.9	25.5	26.2	28.8	28.5	27.8	27.0	26.2	24.4	23.4	19.8	24.9	
1961	19.4	21.2	24.1	27.1	27.1	27.0	27.9	27.4	26.1	24.8	22.9	21.3	24.7	
1962	18.1	20.2	22.1	25.7	28.4	27.5	27.8	26.7	26.1	24.4	22.6	19.4	24.1	
1963	16.7	19.4	22.1	25.8	29.1	27.6	26.9	26.7	26.4	24.0	23.4	19.7	24.0	
1964	21.0	20.2	23.6	27.1	27.2	27.5	27.4	26.8	26.6	25.3	21.2	19.2	24.4	
1965	18.5	21.8	22.6	26.9	27.6	26.7	27.6	27.2	26.0	24.9	23.5	21.2	24.5	
1966	21.2	22.0	24.8	27.3	26.6	28.3	28.1	26.7	25.3	25.0	23.2	21.9	25.0	
1967	18.4	19.5	22.6	25.5	28.6	27.5	28.1	27.0	25.8	23.9	22.8	18.9	24.1	
1968	19.0	23.0	22.7	24.3	28.0	28.8	29.6	27.3	26.2	24.5	23.0	22.0	25.0	
1969	21.6	20.4	23.3	25.5	27.1	29.0	27.8	27.3	26.7	25.4	21.6	19.5	24.6	
1970	20.0	21.5	23.7	26.2	29.3	28.4	28.4	26.9	26.4	24.3	22.3	21.3	24.9	
1971	17.9	19.7	22.2	25.3	27.0	27.7	27.0	26.7	26.4	23.6	20.6	19.7	23.7	
1972	18.2	20.5	22.0	25.6	28.0	27.9	27.2	26.2	26.1	25.5	24.0	21.0	24.3	
1973	20.2	22.4	24.1	27.7	29.1	28.3	27.7	26.8	26.0	24.4	21.6	18.1	24.7	
1974	18.4	19.1	21.4	25.1	27.2	27.4	28.3	26.9	26.2	24.7	21.8	20.8	23.9	
1975	20.7	21.3	24.2	27.1	29.3	28.0	27.4	27.0	26.3	24.8	21.9	17.3	24.6	
1976	18.1	21.3	22.4	26.4	28.1	27.6	27.6	26.6	25.9	25.1	17.6	20.2	23.9	
1977	18.7	18.0	21.5	26.1	28.9	30.8	28.7	27.9	26.2	24.9	21.9	21.1	24.6	
1978	20.3	20.1	24.6	26.4	27.9	27.7	27.3	27.1	26.0	24.3	21.3	14.4	23.9	
1979	21.1	22.2	25.1	25.7	27.8	27.7	28.9	27.4	26.5	23.7	21.9	20.3	24.9	
1980	20.5	20.8	25.5	27.6	29.2	28.7	28.4	27.7	25.9	25.4	22.8	20.6	25.3	
1981	19.3	22.3	25.1	28.0	27.8	27.4	27.6	27.4	26.4	25.4	23.2	19.2	24.9	
1982	19.5	21.5	24.1	24.6	27.5	28.2	27.8	27.7	26.2	25.2	23.7	18.6	24.5	
1983	19.3	21.8	23.8	26.9	29.0	29.8	29.5	27.1	27.2	25.6	20.2	20.0	25.0	
1984	18.1	20.3	23.6	27.6	27.6	28.1	28.1	26.7	26.3	25.0	22.9	20.5	24.6	
1985	20.2	22.5	23.0	25.1	27.7	28.0	27.6	27.3	26.3	24.7	23.8	18.6	24.6	
1986	19.0	21.0	23.0	27.5	27.9	29.0	28.6	27.0	26.6	25.0	22.0	20.8	24.8	
1987	20.4	21.2	25.5	26.8	29.9	29.4	28.4	28.6	26.8	25.9	24.3	19.1	25.5	
1988	21.1	21.2	23.8	24.0	29.6	28.6	29.0	28.2	27.2	24.4	21.1	17.6	24.6	
1989	20.4	20.3	21.9	27.4	28.4	28.3	27.8	27.1	26.8	25.3	22.4	20.1	24.7	
1990	20.7	22.0	22.9	26.9	27.1	28.0	28.1	28.0	26.5	25.2	22.1	20.7	24.8	

（续）

年份	1月	2月	3月	4月	5月	6月	7月	8月	9月	10月	11月	12月	年平均	备注
1991	21.4	21.8	25.5	27.0	29.0	28.7	28.2	27.1	26.6	24.7	22.0	20.6	25.2	
1992	18.5	21.4	24.5	26.8	28.5	28.3	27.1	27.5	26.6	23.9	22.5	21.3	24.7	
1993	18.6	20.8	24.3	27.0	29.0	29.9	29.3	27.7	26.3	24.4	23.0	19.8	25.0	
1994	20.3	23.4	23.2	28.0	29.0	27.9	27.2	27.3	26.9	24.2	22.3	22.0	25.1	
1995	19.5	20.8	23.8	27.7	27.6	28.7	28.0	27.3	26.1	25.3	22.4	19.7	24.7	
1996	19.9	19.3	24.3	25.3	27.7	28.2	28.7	27.5	26.1	27.0	23.6	20.5	24.8	
1997	19.9	21.0	23.6	25.5	27.9	27.6	27.5	27.7	25.7	25.2	23.6	22.0	24.8	
1998	22.1	22.8	25.8	27.7	28.6	29.7	29.1	28.1	26.5	25.3	23.8	21.0	25.9	
1999	20.4	21.5	25.7	27.1	26.6	28.1	28.3	27.0	26.2	25.2	23.1	18.6	24.8	
2000	20.7	20.9	23.5	27.2	27.6	28.2	27.2	27.1	26.1	25.6	22.7	21.8	24.9	
2001	21.7	21.7	24.5	27.6	27.7	28.2	27.8	27.0	26.3	25.5	22.0	21.2	25.1	
2002	19.8	21.5	23.8	26.8	27.9	28.7	27.6	26.9	25.8	25.1	23.7	22.4	25.0	
2003	18.8	22.4	24.0	27.5	28.4	28.3	27.3	27.8	26.3	25.1	24.1	21.3	25.1	
2004	20.8	20.5	23.7	26.0	28.0	27.7	27.9	27.5	26.1	24.4	23.3	21.0	24.7	自动
2005	20.2	23.3	22.0	26.8	31.1	30.1	28.6	27.5	26.9	25.7	24.4	21.5	25.7	
2006	21.6	22.2	21.9	26.8	28.2	29.4	28.5	27.2	26.7	25.9	24.6	21.5	25.4	
2007	—	—	—	—	—	—	—	—	—	—	—	—	—	
2008	—	—	—	—	—	—	—	—	—	25.6	23.1	20.1	—	
2009	18.3	20.5	25.4	26.8	26.6	29.1	28.0	26.8	26.5	25.2	23.1	21.1	24.8	
2010	—	—	—	—	—	—	—	—	—	—	—	—	—	数据
2011	—	—	—	—	—	—	—	—	—	—	—	—	—	异常
2012	—	—	—	—	—	—	—	—	—	—	—	—	—	
2013	—	—	—	—	—	—	—	—	—	—	—	—	—	
2014	—	—	—	—	—	—	—	—	—	—	—	—	—	
2015	19.1	21.4	25.2	26.1	30.5	30.2	27.4	28.0	27.5	25.6	25.1	22.7	25.7	
2016	21.4	19.7	22.5	27.8	28.6	29.4	28.5	27.8	27.2	26.3	24.7	22.5	25.5	
2017	22.1	21.5	24.5	26.3	27.6	28.6	27.2	28.2	27.7	25.2	23.9	20.8	25.3	
2018	20.8	18.1	25.3	27.8	31.0	29.0	28.1	27.8	28.1	27.2	25.4	23.1	26.0	

附表 2　尖峰试验站气象站月平均最高温度（℃）

年份	1月	2月	3月	4月	5月	6月	7月	8月	9月	10月	11月	12月	年平均	备注
1957	26.3	24.2	27.5	31.5	32.7	31.6	32.1	27.1	31.0	29.6	29.1	27.7	29.2	
1958	26.2	24.6	31.1	27.2	34.9	32.4	31.2	31.7	30.8	29.2	28.1	27.0	29.5	
1959	26.3	21.6	27.8	32.0	31.9	34.6	32.6	30.4	30.6	29.9	28.9	28.1	29.6	
1960	27.1	27.5	32.2	31.4	34.1	33.0	32.4	30.8	30.8	28.1	28.8	26.0	30.2	
1961	26.0	26.5	29.5	30.7	31.6	31.0	32.2	31.8	30.6	30.3	29.2	27.8	29.8	
1962	24.2	27.1	27.8	30.8	33.1	31.5	32.3	31.5	30.5	30.2	28.3	26.4	29.5	
1963	24.0	18.6	28.0	31.5	34.8	32.0	30.5	31.3	31.2	29.0	29.4	26.6	28.9	

（续）

年份	1月	2月	3月	4月	5月	6月	7月	8月	9月	10月	11月	12月	年平均	备注
1964	26.6	26.5	29.4	33.0	32.3	31.8	32.0	30.9	31.4	30.2	27.1	25.9	29.8	
1965	26.0	28.7	29.0	32.5	32.5	31.0	32.0	31.8	31.3	31.0	28.6	27.7	30.2	
1966	25.8	28.3	30.6	32.6	31.3	32.4	32.9	31.6	31.5	30.6	29.4	27.9	30.4	
1967	24.0	18.1	29.7	31.2	33.4	32.2	33.0	31.2	30.7	29.5	29.1	18.9	28.4	
1968	23.9	22.2	28.8	29.8	33.7	33.8	34.2	31.8	30.8	30.4	29.8	29.2	30.5	
1969	28.0	26.3	28.6	31.2	34.6	33.9	32.3	32.5	32.9	32.0	28.9	26.9	30.7	
1970	27.3	29.2	29.6	32.1	33.9	32.9	32.8	32.1	31.5	29.3	28.1	26.1	30.4	
1971	24.9	26.3	29.2	31.5	32.1	32.1	31.7	31.7	32.4	29.0	27.7	26.1	29.6	
1972	25.9	26.9	29.4	31.2	33.4	32.6	31.3	30.8	31.8	31.3	29.9	27.5	30.2	
1973	27.3	30.0	30.9	32.9	34.3	33.0	32.6	27.1	30.0	29.2	28.1	25.8	30.2	
1974	26.3	25.4	26.9	30.2	32.1	31.3	32.6	31.3	31.7	29.6	28.0	26.9	29.4	
1975	26.5	27.7	30.0	32.7	34.2	32.8	27.5	31.2	30.8	29.7	28.2	23.2	29.5	
1976	25.4	28.0	28.2	31.8	33.0	31.7	31.4	26.6	30.7	30.8	27.1	27.1	29.3	
1977	25.0	24.1	28.7	31.2	34.2	35.7	33.0	32.6	31.1	29.5	28.4	28.0	30.1	
1978	26.5	25.6	29.6	32.0	32.5	32.0	31.9	31.3	30.2	28.9	27.8	27.2	29.6	
1979	27.7	29.0	30.5	32.0	32.5	32.2	33.5	31.7	31.7	30.6	28.4	27.9	30.6	
1980	27.8	24.3	32.2	33.3	34.5	33.6	32.4	27.7	30.9	30.7	29.0	26.8	30.3	
1981	26.7	29.0	31.4	33.8	32.5	31.5	31.7	31.7	32.1	30.7	28.9	25.7	30.5	
1982	26.9	27.7	24.1	29.6	32.4	32.6	32.2	32.2	31.7	31.3	29.3	26.0	29.7	
1983	25.3	26.3	27.5	32.0	34.6	34.6	34.2	31.9	32.4	30.5	28.6	26.3	30.4	
1984	24.2	25.5	29.2	32.8	32.4	31.8	32.4	30.7	31.4	30.6	29.1	20.5	29.2	
1985	26.2	27.1	28.2	30.0	33.0	32.1	32.5	31.2	31.0	30.3	29.3	27.0	29.8	
1986	26.4	26.5	29.0	33.2	32.5	33.2	32.7	32.1	31.9	30.3	28.1	27.1	30.3	
1987	27.8	28.1	32.0	32.1	34.9	33.5	28.4	33.1	32.3	31.2	29.5	25.7	30.7	
1988	27.8	28.9	29.2	30.7	34.6	34.0	34.1	32.3	32.7	28.7	27.2	26.2	30.5	
1989	26.1	26.7	27.4	32.9	33.3	33.0	32.3	31.9	32.3	29.8	28.5	27.2	30.1	
1990	26.8	27.7	27.6	32.3	31.9	31.8	32.5	32.4	31.5	30.6	28.6	28.1	30.2	
1991	28.7	28.8	32.0	33.2	34.4	32.9	32.4	31.6	31.9	30.8	28.6	27.4	31.1	
1992	24.6	26.9	30.0	32.8	34.1	33.1	32.1	32.8	31.8	29.5	28.1	28.1	30.3	
1993	25.5	29.2	30.8	33.5	34.9	35.2	34.8	32.3	31.7	30.5	28.9	26.1	31.1	
1994	27.2	30.2	28.6	33.6	34.9	32.0	30.6	29.0	31.2	30.0	30.1	28.3	30.5	
1995	27.0	27.1	30.0	34.8	33.4	33.6	33.3	32.3	31.9	30.1	27.9	26.6	30.7	
1996	27.6	25.9	31.6	30.3	33.2	34.0	34.1	32.8	31.4	31.4	29.4	27.4	30.8	
1997	27.0	25.5	29.9	31.4	32.7	32.2	32.1	32.5	31.0	31.5	30.3	29.1	30.4	
1998	28.7	28.7	32.7	33.9	34.2	34.2	33.9	33.4	31.9	31.2	30.1	27.2	31.7	
1999	25.8	29.0	32.0	32.6	31.2	32.2	33.0	31.9	31.7	30.8	28.8	24.3	30.3	
2000	26.6	25.3	29.4	33.0	32.9	33.2	31.7	32.9	31.6	30.0	29.1	27.8	30.3	
2001	28.6	28.7	30.2	33.6	32.5	33.0	32.3	32.1	31.2	31.5	29.0	27.0	30.8	
2002	26.8	28.3	30.5	33.1	33.3	33.3	31.6	32.2	30.2	31.2	29.9	27.8	30.7	

（续）

年份	1月	2月	3月	4月	5月	6月	7月	8月	9月	10月	11月	12月	年平均	备注
2003	22.9	29.5	29.9	34.2	34.0	32.9	33.4	32.0	31.6	31.4	30.1	29.7	31.0	
2004	21.1	20.8	23.9	26.3	28.2	28.0	28.2	27.8	26.3	24.7	23.6	21.3	25.0	
2005	20.5	23.5	22.2	27.1	31.4	30.4	28.9	27.7	27.1	26.0	24.6	21.7	25.9	
2006	21.8	22.5	25.6	27.0	28.5	29.7	28.8	27.5	27.0	26.1	24.8	21.8	25.9	
2007	—	—	—	—	—	—	—	—	—	—	—	—	—	
2008	—	—	—	—	—	—	—	—	—	30.4	28.9	26.8	—	
2009	25.1	26.3	28.9	31.6	32.4	32.5	31.5	31.3	30.5	29.6	28.3	—	—	
2010	—	—	—	—	—	—	—	—	—	—	—	—	—	
2011	—	—	—	—	—	—	—	—	—	—	—	—	—	
2012	—	—	—	—	—	—	—	—	—	—	—	—	—	
2013	—	—	—	—	—	—	—	—	—	—	—	—	—	
2014	—	—	—	—	—	—	—	—	—	—	—	—	—	
2015	26.0	27.8	31.7	32.8	36.1	35.7	31.5	33.5	32.5	30.9	31.0	26.3	31.3	
2016	25.6	24.6	28.2	34.1	33.9	35.0	33.6	32.1	32.3	31.3	30.2	28.1	30.6	
2017	27.2	26.8	30.3	31.2	32.4	32.4	31.5	32.5	32.7	30.3	28.8	25.7	30.1	
2018	25.3	24.3	29.2	30.4	34.4	32.0	30.3	30.3	—	—	—	—	—	

附表3　尖峰试验站气象站月平均最低温度（℃）

年份	1月	2月	3月	4月	5月	6月	7月	8月	9月	10月	11月	12月	年平均	备注
1957	15.9	16.1	19.1	21.5	23.9	24.9	22.5	23.7	22.7	20.9	18.9	17.6	20.6	
1958	16.6	15.9	20.2	22.5	24.4	25.3	24.8	23.5	23.6	20.3	16.9	15.7	20.8	
1959	15.9	14.4	19.2	22.2	23.5	26.0	24.7	24.0	23.0	20.0	18.3	18.2	20.8	
1960	15.5	16.6	20.9	22.0	24.7	25.4	24.0	24.4	29.7	20.6	19.9	16.1	21.7	
1961	15.1	17.6	20.2	22.2	23.1	24.1	24.5	24.1	23.1	20.9	18.9	17.3	20.9	
1962	14.4	15.8	18.0	21.5	24.2	24.1	24.4	23.1	23.2	20.2	18.5	14.6	20.2	
1963	12.2	15.1	17.8	20.7	24.2	23.8	24.0	23.0	22.1	20.6	19.8	15.7	19.9	
1964	17.7	16.2	18.8	21.9	23.0	24.2	23.4	23.9	23.1	21.6	17.1	14.7	20.5	
1965	13.5	16.9	17.8	22.0	23.0	23.7	23.6	23.1	22.1	20.8	20.0	17.1	20.3	
1966	16.8	17.5	20.4	22.1	14.8	24.3	24.1	23.1	20.1	20.8	18.2	17.7	20.0	
1967	14.2	14.6	16.5	20.7	23.6	22.7	23.4	23.1	22.0	18.8	17.5	14.1	19.3	
1968	12.2	14.4	17.4	19.1	22.4	23.7	24.6	23.5	22.2	19.2	17.7	16.3	19.9	
1969	16.6	15.4	18.7	19.8	23.7	24.1	23.5	22.2	21.7	20.1	15.6	13.8	19.6	
1970	14.2	15.3	18.3	20.4	23.1	23.2	23.0	22.5	21.8	19.5	16.9	16.6	19.6	
1971	12.3	13.6	15.9	19.2	21.5	23.0	22.4	21.6	28.0	18.6	14.3	14.6	18.8	
1972	11.4	14.2	14.9	19.5	22.4	22.5	22.5	22.2	20.6	20.0	18.9	15.7	18.7	
1973	14.7	15.6	17.4	21.6	23.0	23.3	22.6	26.2	21.2	19.2	15.5	11.2	19.3	
1974	11.4	13.2	15.8	19.1	21.0	22.2	22.2	21.7	20.7	19.4	16.4	15.3	18.2	
1975	15.0	15.5	18.3	20.3	23.0	22.7	21.9	22.2	20.8	19.6	16.2	11.3	18.9	

（续）

年份	1月	2月	3月	4月	5月	6月	7月	8月	9月	10月	11月	12月	年平均	备注
1976	11.6	14.5	16.3	23.5	21.8	22.0	22.2	21.3	20.3	19.7	15.3	14.2	18.6	
1977	13.0	12.3	14.5	19.7	21.5	24.0	22.8	22.2	20.8	19.2	15.6	14.7	18.4	
1978	16.0	15.9	20.6	21.4	24.0	24.0	23.4	23.6	22.9	20.7	17.8	16.1	20.5	
1979	16.6	23.2	21.0	21.9	23.7	23.8	24.5	24.2	22.7	18.1	17.1	15.0	21.0	
1980	15.6	16.9	20.3	22.9	24.5	24.8	24.6	24.1	22.2	21.5	18.6	16.6	21.0	
1981	14.5	17.5	20.4	23.4	24.0	23.6	23.9	24.1	22.7	22.1	19.3	14.9	20.9	
1982	14.5	17.0	19.0	20.8	23.2	24.3	24.1	24.1	22.9	21.1	19.5	14.0	20.4	
1983	15.5	18.6	19.8	22.7	24.1	25.5	25.0	23.6	23.1	22.4	16.3	15.6	21.0	
1984	14.0	16.5	19.6	23.2	23.3	24.9	23.8	23.4	22.6	20.5	18.0	26.6	21.4	
1985	16.4	19.0	18.4	21.4	22.9	24.8	23.2	24.5	22.6	20.7	19.6	15.8	20.8	
1986	14.0	17.2	18.3	22.5	23.9	30.6	24.3	23.0	22.1	20.9	17.3	16.6	20.9	
1987	15.4	16.0	20.5	22.0	25.4	25.9	24.9	24.5	23.0	21.9	20.9	14.5	21.2	
1988	16.4	18.3	19.4	21.9	25.1	24.4	24.6	24.5	23.2	21.6	16.5	14.9	20.9	
1989	16.7	15.2	17.7	22.7	23.7	23.9	24.2	23.8	23.2	21.9	18.3	15.7	20.6	
1990	17.2	18.4	19.7	22.9	23.3	24.7	24.6	24.7	23.2	21.7	19.8	16.3	21.4	
1991	17.0	17.5	20.9	22.2	24.7	25.5	25.0	24.2	23.3	20.9	17.8	16.6	21.3	
1992	14.8	18.1	20.7	22.6	24.6	24.9	23.5	23.7	23.2	20.1	17.1	17.3	20.9	
1993	14.2	15.5	20.0	22.5	24.5	25.9	25.2	24.5	23.4	20.5	19.2	15.9	20.9	
1994	16.1	19.2	19.5	22.8	24.8	24.9	24.9	24.0	23.2	20.2	17.8	18.4	21.3	
1995	15.6	17.1	19.7	22.4	24.0	25.4	24.3	24.3	22.4	21.9	19.0	15.6	21.0	
1996	15.2	15.5	19.7	22.0	23.6	24.3	24.9	23.9	23.3	21.5	20.1	16.5	20.9	
1997	15.7	18.2	19.3	21.6	24.4	24.5	24.6	24.8	22.9	21.6	19.7	18.1	21.3	
1998	18.2	19.5	21.7	23.3	24.3	26.1	25.2	24.6	23.4	21.5	20.3	17.5	22.1	
1999	17.1	17.4	21.6	23.5	23.6	24.9	25.0	24.3	23.1	22.2	20.1	15.1	21.5	
2000	16.9	16.2	19.4	23.4	23.8	24.6	24.3	24.1	22.5	22.6	18.8	18.1	21.2	
2001	17.8	17.8	21.2	23.2	24.2	24.8	24.7	24.1	23.3	22.2	17.4	17.3	21.5	
2002	16.0	17.4	19.7	22.0	24.2	25.0	25.3	23.3	23.3	21.3	20.1	19.4	21.4	
2003	12.6	18.0	20.2	23.5	24.6	25.0	24.2	24.3	23.3	20.8	19.5	21.5	21.5	
2004	20.6	20.3	23.5	25.8	27.7	27.4	27.6	27.2	25.8	24.1	23.1	21.3	25.0	
2005	20.0	23.0	21.7	26.5	30.8	29.8	28.3	27.2	26.6	25.4	24.1	21.3	25.4	
2006	21.3	22.0	21.7	26.5	27.9	29.1	28.3	27.0	26.4	25.6	24.3	21.2	25.1	
2007	—	—	—	—	—	—	—	—	—	—	—	—	—	
2008	—	—	—	—	—	—	—	—	—	21.1	18.7	16.7	—	
2009	17.6	18.5	20.8	23.7	25.5	26.1	25.6	25.0	24.2	22.7	20.9	—	—	
2010	—	—	—	—	—	—	—	—	—	—	—	—	—	
2011	—	—	—	—	—	—	—	—	—	—	—	—	—	
2012	—	—	—	—	—	—	—	—	—	—	—	—	—	
2013	—	—	—	—	—	—	—	—	—	—	—	—	—	
2014	—	—	—	—	—	—	—	—	—	—	—	—	—	

（续）

年份	1月	2月	3月	4月	5月	6月	7月	8月	9月	10月	11月	12月	年平均	备注
2015	14.1	17.1	20.0	20.9	25.8	25.7	24.3	23.9	24.0	21.8	21.0	19.1	21.5	
2016	18.4	15.7	18.2	23.1	24.5	25.3	24.9	24.6	24.0	22.8	21.1	18.6	21.8	
2017	18.6	17.6	20.2	22.1	24.2	25.5	24.5	24.9	24.4	21.9	20.7	17.5	21.8	
2018	17.0	17.2	20.5	23.4	25.8	23.2	24.2	24.1	24.8	23.3	21.4	19.6	22.0	

附表4　尖峰试验站气象站月最高极值温度（℃）

年份	1月	2月	3月	4月	5月	6月	7月	8月	9月	10月	11月	12月	年最高	备注
1957	30.2	29.4	31.5	34.7	35.4	34.5	34.2	29.4	32.8	32.8	31.4	30.3	35.4	
1958	29.8	31.2	35.5	30.3	37.2	34.8	33.7	34.4	33.1	32.2	30.6	30.7	37.2	
1959	29.9	33.4	31.9	34.9	34.4	36.7	35.4	34.1	33.0	31.5	32.2	30.4	36.7	
1960	30.8	31.2	34.8	37.4	36.8	35.5	34.9	33.4	32.7	32.8	30.2	29.3	37.4	
1961	30.2	32.2	34.4	33.9	33.8	34.9	34.2	33.5	32.5	32.5	30.9	30.9	34.9	
1962	29.7	32.3	35.2	34.8	35.5	33.5	34.3	33.0	32.6	32.3	31.5	29.8	35.5	
1963	28.5	29.4	33.2	35.6	36.3	35.1	33.2	33.2	32.7	32.3	30.5	29.2	36.3	
1964	31.2	29.7	32.2	34.9	34.8	33.7	33.4	33.1	33.4	32.2	30.7	29.5	34.9	
1965	29.2	31.8	34.5	35.7	34.9	32.8	33.8	32.9	33.4	32.3	33.0	30.5	35.7	
1966	30.6	32.4	33.9	34.5	34.9	33.8	35.4	33.6	33.9	33.1	32.5	31.4	35.4	
1967	31.1	31.9	35.1	34.7	36.2	35.9	34.7	33.1	33.6	31.4	31.3	29.6	36.2	
1968	30.4	25.6	34.7	32.5	36.0	35.9	35.9	34.6	33.5	32.4	31.6	31.0	42.6	
1969	32.4	32.4	33.5	34.6	38.1	35.8	34.0	34.5	34.5	34.0	32.0	30.5	38.1	
1970	32.6	34.0	34.0	36.0	37.0	35.1	34.4	34.8	33.8	32.7	30.7	30.3	37.0	
1971	28.5	32.6	34.0	33.8	34.9	33.9	33.5	33.9	32.9	32.2	31.0	30.2	34.9	
1972	29.1	32.8	33.8	34.5	35.2	34.7	33.9	33.1	33.2	33.1	33.1	31.4	35.2	
1973	31.5	33.6	33.1	36.1	36.5	35.6	36.0	33.9	33.7	34.8	30.8	29.0	36.5	
1974	28.4	33.3	31.2	33.1	34.4	33.4	34.0	33.9	33.1	33.1	32.3	30.6	34.4	
1975	29.6	31.4	33.9	36.5	35.7	35.4	34.5	34.5	33.3	32.4	31.3	30.5	36.5	
1976	28.1	31.9	33.2	35.9	35.6	35.0	34.9	32.9	32.9	33.1	30.9	30.4	35.9	
1977	28.4	30.0	33.4	35.1	36.2	37.4	35.6	34.6	33.0	31.6	31.2	30.5	37.4	
1978	31.2	31.3	34.1	36.0	35.0	35.1	33.5	33.9	32.6	31.5	29.7	29.2	36.0	
1979	30.3	35.8	35.3	35.5	35.0	33.7	35.5	33.8	33.7	32.3	32.3	30.8	35.8	
1980	31.7	32.1	35.3	37.1	37.0	36.0	35.0	34.2	33.4	32.7	30.9	30.2	37.1	
1981	28.8	34.4	34.9	35.3	35.3	34.0	33.0	33.4	33.4	33.1	32.3	29.4	35.3	
1982	28.8	32.8	33.9	34.4	34.0	34.8	33.9	34.0	33.9	32.7	32.1	29.8	34.8	
1983	31.4	31.9	34.5	35.6	37.5	36.5	37.0	34.1	33.9	32.9	31.3	29.4	37.5	
1984	29.0	31.6	35.1	35.9	34.7	33.6	34.7	33.7	33.3	32.4	32.3	30.1	35.9	
1985	28.7	31.7	34.6	35.4	34.9	35.6	34.2	34.1	32.9	32.5	32.3	31.0	35.6	
1986	29.2	30.7	35.8	36.0	34.6	34.9	35.4	34.8	33.6	32.8	30.7	29.6	36.0	
1987	30.6	30.8	35.4	36.0	37.7	35.2	34.3	36.4	35.6	33.4	32.3	29.0	37.7	

（续）

年份	1月	2月	3月	4月	5月	6月	7月	8月	9月	10月	11月	12月	年最高	备注
1988	31.3	33.5	36.4	36.0	36.8	38.0	36.6	34.8	34.8	32.5	30.3	29.1	38.0	
1989	31.4	33.6	33.0	36.4	36.1	35.6	35.1	33.8	33.5	33.7	31.7	28.6	36.4	
1990	30.8	32.3	34.4	37.1	35.7	33.9	34.6	34.3	34.3	33.4	31.5	32.4	37.1	
1991	31.4	33.5	34.6	37.2	37.3	36.9	35.1	34.6	33.5	32.5	30.8	30.1	37.3	
1992	30.6	31.0	33.8	36.8	39.2	36.6	35.4	36.1	33.9	32.5	30.6	31.6	39.2	
1993	30.8	34.6	36.8	38.0	37.8	38.0	37.7	34.6	33.6	32.3	31.9	30.4	38.0	
1994	31.0	35.0	35.9	37.3	38.5	34.4	33.9	34.1	34.0	33.4	31.8	30.5	38.5	
1995	30.0	32.1	35.0	37.8	37.3	36.1	35.3	34.7	34.3	32.5	32.0	29.4	37.8	
1996	29.9	34.9	36.4	35.8	36.5	35.8	36.6	36.1	34.2	33.9	32.8	32.0	36.6	
1997	29.9	30.8	32.9	33.7	35.1	34.7	35.8	27.9	33.6	33.2	34.1	31.6	35.8	
1998	32.3	36.0	36.6	37.4	36.5	37.1	36.2	36.9	35.1	33.4	33.1	33.1	37.4	
1999	31.9	33.3	36.6	37.5	34.5	34.6	35.6	33.4	33.5	33.2	31.8	28.6	37.5	
2000	31.1	32.3	32.5	36.1	36.3	36.0	34.4	35.5	33.9	32.9	32.2	31.9	36.3	
2001	33.2	32.2	35.0	37.2	37.6	35.3	34.5	34.1	34.1	33.0	32.8	30.8	37.6	
2002	30.7	31.8	35.8	35.9	36.0	35.7	34.1	35.0	33.7	33.9	33.0	33.3	36.0	
2003	28.6	32.4	35.0	36.5	37.8	34.9	36.0	34.5	33.8	35.0	33.7	34.4	37.8	
2004	31.2	32.3	34.1	34.9	35.8	34.9	35.2	35.3	34.1	34.4	32.6	31.1	35.8	
2005	33.6	35.3	35.6	37.7	39.1	37.6	37.6	35.0	34.8	33.9	33.6	31.8	39.1	
2006	31.8	33.8	33.6	35.7	35.9	38.6	36.9	35.0	35.3	33.8	33.4	31.9	38.6	
2007	—	—	—	—	—	—	—	—	—	—	—	—	—	
2008	—	—	—	—	—	—	—	—	—	33.8	34.0	30.8	—	
2009	29.8	28.8	36.2	38.0	35.4	36.8	36.2	34.0	36.4	33.3	33.2	—	—	
2010	—	—	—	—	—	—	—	—	—	—	—	—	—	
2011	—	—	—	—	—	—	—	—	—	—	—	—	—	
2012	—	—	—	—	—	—	—	—	—	—	—	—	—	
2013	—	—	—	—	—	—	—	—	—	—	—	—	—	
2014	—	—	—	—	—	—	—	—	—	—	—	—	—	
2015	29.4	34.3	35.6	37.9	38.3	39.0	36.8	36.7	35.5	34.5	33.1	31.7	39.0	
2016	29.8	32.3	34.2	38.7	35.9	37.3	36.5	34.7	33.9	33.5	32.7	30.9	38.7	
2017	31.7	34.0	34.4	35.6	35.6	35.4	33.6	35.6	35.3	33.2	31.8	29.5	35.6	
2018	29.9	30.0	33.6	35.9	36.4	34.9	35.4	33.5	—	—	—	—	—	

附表5　尖峰试验站气象站月最低极值温度（℃）

年份	1月	2月	3月	4月	5月	6月	7月	8月	9月	10月	11月	12月	年最低	备注
1957	13.0	10.9	15.8	19.2	20.3	22.7	20.7	22.0	19.9	17.1	15.5	15.1	10.9	
1958	11.4	12.1	17.2	17.9	20.1	22.5	23.0	21.7	20.1	11.6	11.8	11.4	11.4	
1959	12.2	15.3	13.7	18.9	20.2	23.4	21.7	21.8	20.3	16.1	13.1	14.7	12.2	
1960	7.1	11.9	18.6	17.5	22.3	23.4	22.0	23.4	20.1	18.5	15.8	11.6	7.1	

（续）

年份	1月	2月	3月	4月	5月	6月	7月	8月	9月	10月	11月	12月	年最低	备注
1961	5.1	14.3	15.6	18.6	20.5	21.5	21.9	22.4	21.5	17.5	15.6	10.0	5.1	
1962	8.5	12.1	15.0	19.0	21.3	22.7	22.9	21.2	21.5	16.5	11.5	7.3	7.3	
1963	5.0	11.2	13.1	15.8	21.2	21.1	21.0	21.7	21.1	17.5	18.1	10.7	5.0	
1964	15.3	12.5	15.6	19.0	21.6	21.8	20.5	22.5	21.1	19.2	11.6	8.8	8.8	
1965	9.0	13.3	14.4	17.9	20.1	22.3	21.8	20.3	18.6	17.4	15.0	10.0	9.0	
1966	12.0	14.2	16.6	19.6	20.7	22.5	22.1	20.7	15.6	18.6	14.4	11.0	11.0	
1967	5.0	11.2	11.9	18.3	20.0	18.5	21.7	21.1	21.0	16.1	14.6	7.5	5.0	
1968	9.1	7.6	12.3	16.7	18.0	20.2	21.7	21.9	20.0	14.6	14.3	13.7	7.6	
1969	13.5	9.3	16.5	12.5	19.4	21.9	21.6	19.8	19.3	17.4	9.5	9.4	9.3	
1970	9.7	9.8	15.8	16.4	20.0	21.5	21.0	21.0	20.0	17.3	10.0	11.0	9.7	
1971	7.5	10.5	11.7	16.5	18.0	20.8	20.1	19.2	17.6	12.7	4.7	9.6	4.7	
1972	5.7	34.6	6.3	16.3	20.5	20.0	19.3	20.2	18.7	18.2	15.2	12.5	5.7	
1973	11.4	12.2	13.5	19.5	21.3	21.6	20.5	20.2	20.0	13.4	8.8	43.0	8.8	
1974	2.5	6.8	10.5	14.7	19.0	19.8	19.9	19.4	18.5	16.5	10.9	12.6	2.5	
1975	11.2	11.1	14.4	16.6	20.4	21.3	19.1	20.0	19.0	17.0	7.2	2.6	2.6	
1976	6.6	9.8	11.9	16.6	19.4	19.6	20.0	18.8	17.7	18.0	8.5	9.3	6.6	
1977	10.0	9.5	8.0	15.0	18.5	20.6	19.4	20.6	17.8	14.7	9.0	10.5	8.0	
1978	12.1	11.1	15.5	16.3	21.6	22.3	21.5	22.2	20.6	14.0	14.3	11.7	11.1	
1979	12.6	12.0	18.5	18.9	21.0	21.5	23.0	21.6	17.7	14.4	12.2	12.1	12.0	
1980	12.4	12.7	17.6	19.7	22.0	22.5	21.9	22.4	19.9	19.2	15.9	11.5	11.5	
1981	8.5	14.6	17.3	19.5	21.5	18.8	20.5	22.4	20.0	17.6	13.7	9.4	8.5	
1982	11.5	14.0	15.2	16.1	20.5	22.6	22.1	22.7	21.4	18.5	17.0	7.0	7.0	
1983	8.5	15.0	15.5	19.5	20.2	22.3	22.4	22.1	21.5	18.4	7.7	11.2	7.7	
1984	6.3	11.8	14.2	20.3	18.0	22.3	21.5	22.0	20.0	14.5	14.0	13.0	6.3	
1985	13.6	15.5	15.2	19.0	20.7	22.9	21.6	22.6	18.7	15.0	17.9	9.1	9.1	
1986	8.9	12.9	8.9	19.0	22.0	22.9	22.1	20.7	18.6	18.3	12.0	13.0	8.9	
1987	10.4	13.1	18.1	19.2	21.5	23.4	23.4	22.0	21.5	16.1	13.5	7.8	7.8	
1988	12.0	16.0	15.4	19.1	23.0	19.1	22.4	22.5	20.9	18.2	12.6	11.0	11.0	
1989	12.4	11.0	14.5	19.5	21.5	21.5	21.0	20.5	21.5	18.5	12.6	11.9	11.0	
1990	14.1	13.9	16.5	20.0	20.1	23.1	22.0	22.5	21.4	18.5	15.5	10.9	10.9	
1991	14.4	13.5	16.9	18.1	20.9	22.7	22.9	22.8	19.0	12.6	13.0	10.6	10.6	
1992	9.9	13.5	17.0	20.1	22.0	23.0	21.9	22.7	22.1	14.9	10.6	10.7	9.9	
1993	6.1	9.8	17.0	20.1	21.5	24.7	23.0	21.9	21.5	17.9	13.5	7.9	6.1	
1994	12.6	15.5	15.6	19.6	22.8	23.3	21.0	21.6	21.1	13.1	15.0	14.6	12.6	
1995	10.6	13.0	16.0	19.5	22.1	23.5	23.0	22.7	18.5	18.9	13.6	8.8	8.8	
1996	9.3	11.6	13.4	16.5	20.5	21.5	23.2	21.8	20.5	17.8	17.0	11.2	9.3	
1997	11.5	15.0	14.8	19.0	21.9	22.6	28.5	22.3	21.1	18.0	15.5	15.2	11.5	
1998	15.2	15.3	19.3	20.0	19.1	24.0	24.0	23.0	20.6	17.0	15.0	14.0	14.0	
1999	12.5	12.3	17.0	19.0	20.7	22.8	22.6	22.5	20.9	19.8	15.0	5.2	5.2	

（续）

年份	1月	2月	3月	4月	5月	6月	7月	8月	9月	10月	11月	12月	年最低	备注
2000	12.0	13.6	15.2	21.5	20.0	22.4	21.9	22.5	18.3	18.3	12.6	13.6	12.0	
2001	14.5	14.4	17.2	19.4	21.3	22.6	23.3	22.6	21.0	20.3	11.0	8.0	8.0	
2002	12.9	15.5	15.5	19.0	21.5	23.0	22.6	21.8	21.0	14.0	15.0	15.1	12.9	
2003	7.8	14.0	17.3	20.5	22.6	21.4	22.9	23.0	21.9	17.6	15.4	18.6	18.6	
2004	14.1	13.2	14.9	19.7	21.9	21.6	22.4	22.6	19.1	16.6	12.9	11.5	11.5	
2005	10.9	14.9	10.3	18.6	23.4	24.2	23.1	23.1	22.2	18.3	14.6	9.7	9.7	
2006	13.6	14.6	13.4	21.8	18.6	23.3	23.6	22.1	20.4	18.9	15.6	9.3	9.3	
2007	—	—	—	—	—	—	—	—	—	—	—	—	—	
2008	—	—	—	—	—	—	—	—	—	20.9	12.4	10.7	—	
2009	8.1	15.0	16.7	19.8	18.9	22.8	21.9	23.9	22.8	19.2	13.6	—		
2010	—	—	—	—	—	—	—	—	—	—	—	—		
2012	—	—	—	—	—	—	—	—	—	—	—	—		
2011	—	—	—	—	—	—	—	—	—	—	—	—		
2013	—	—	—	—	—	—	—	—	—	—	—	—		
2014	—	—	—	—	—	—	—	—	—	—	—	—		
2015	9.5	13.5	16.9	15.3	23.0	23.7	22.1	21.6	22.3	17.4	18.1	15.0	9.5	
2016	9.3	5.9	11.7	18.7	21.0	23.7	22.5	23.2	21.8	21.1	17.3	15.4	5.9	
2017	14.4	14.9	16.1	17.7	22.3	24.6	23.3	23.4	23.0	17.3	16.3	9.0	9.0	
2018	12.7	11.8	17.5	18.8	12.5	12.8	13.4	14.6	—	—	—	—	—	

附表6　尖峰试验站气象站月平均水汽压（hPa）

年份	1月	2月	3月	4月	5月	6月	7月	8月	9月	10月	11月	12月	年平均	备注
1957	18.5	19.0	22.9	25.1	27.9	30.3	29.5	29.2	28.6	25.6	22.3	20.4	24.9	
1958	19.3	18.7	22.4	25.0	27.3	29.6	30.0	29.2	28.3	24.6	19.1	16.2	24.1	
1959	17.8	22.4	22.2	25.3	27.8	28.8	29.0	29.3	28.5	23.1	22.1	21.8	24.9	
1960	17.9	18.2	22.9	24.6	27.8	29.6	29.2	30.9	28.8	25.8	24.5	12.5	24.4	
1961	17.3	20.5	23.8	25.6	29.6	29.3	30.5	30.6	29.6	26.5	23.3	20.6	25.6	
1962	16.7	18.5	21.2	25.5	28.4	30.3	30.2	30.0	29.5	25.0	22.4	17.0	24.6	
1963	12.9	17.3	20.9	23.1	25.7	30.0	30.2	30.2	30.0	25.7	25.1	18.4	24.1	
1964	21.4	19.4	22.3	25.2	29.5	30.5	29.8	30.8	29.4	27.4	19.6	17.6	25.2	
1965	16.0	20.7	21.0	25.6	28.3	30.3	30.0	29.7	28.7	27.0	24.7	21.8	25.3	
1966	20.9	21.7	25.1	26.9	29.1	30.1	29.7	30.2	25.6	27.4	23.2	22.7	26.0	
1967	17.6	18.2	20.4	26.1	28.6	29.4	30.4	30.6	29.7	24.8	23.1	18.0	24.7	
1968	17.5	17.0	21.9	24.5	27.7	29.1	29.6	31.0	29.3	25.3	23.7	21.7	25.5	
1969	21.7	20.0	24.4	24.1	28.7	30.5	30.5	29.6	28.9	26.7	20.2	17.6	25.2	
1970	17.7	19.3	23.2	25.2	30.2	30.7	31.3	30.5	30.1	25.4	23.1	22.6	25.8	
1971	17.1	18.9	21.3	26.1	28.8	29.9	29.4	29.4	28.9	24.3	19.7	19.6	24.4	
1972	17.0	20.2	20.9	25.8	30.3	30.7	30.5	30.3	29.7	28.6	26.1	21.6	25.6	
1973	20.3	22.2	22.8	27.2	29.3	31.2	30.7	30.5	29.9	24.7	21.1	16.3	25.5	

（续）

年份	1月	2月	3月	4月	5月	6月	7月	8月	9月	10月	11月	12月	年平均	备注
1974	16.9	18.2	21.3	25.7	29.6	31.0	29.8	30.5	29.8	25.1	22.4	20.7	25.1	
1975	20.7	20.9	24.1	25.5	28.7	30.4	29.5	30.4	29.0	25.9	21.9	16.2	25.3	
1976	16.9	19.8	21.9	25.0	27.8	29.5	29.5	29.3	28.5	28.0	21.0	20.1	24.8	
1977	18.4	16.6	19.3	24.3	27.1	28.3	29.5	30.9	28.6	27.5	21.0	20.4	24.3	
1978	19.5	19.7	25.2	26.5	29.4	31.1	30.7	31.3	29.2	24.7	22.3	20.0	25.8	
1979	20.6	21.2	24.7	26.7	29.1	30.7	30.8	29.8	29.1	21.7	19.6	17.9	25.2	
1980	18.8	19.5	23.4	24.3	27.9	30.1	30.4	20.6	28.7	28.0	22.9	20.5	24.6	
1981	17.8	20.7	23.7	26.4	28.6	29.6	29.9	30.9	29.9	28.1	24.3	17.5	25.6	
1982	17.7	20.2	21.7	25.1	29.1	30.6	31.1	30.5	29.2	27.8	25.0	17.3	25.4	
1983	18.9	22.1	22.9	25.4	28.1	28.9	29.4	31.2	30.0	27.9	21.3	18.6	25.4	
1984	16.7	19.6	22.2	27.2	28.0	30.5	29.7	30.7	29.2	26.3	23.3	19.6	25.3	
1985	19.9	23.4	22.6	26.2	29.2	30.1	29.2	31.1	28.5	26.3	24.6	17.8	25.7	
1986	16.5	20.6	21.4	25.4	29.1	30.1	29.7	30.3	28.1	26.9	21.7	20.5	25.0	
1987	18.6	19.7	23.7	25.6	28.9	30.7	31.4	29.3	29.6	28.5	26.3	16.7	25.7	
1988	20.2	21.4	22.5	27.2	29.9	29.1	30.5	31.0	28.6	26.5	20.0	18.2	25.4	
1989	20.2	19.0	21.9	26.8	28.8	29.1	29.9	31.0	29.7	27.1	22.6	18.8	25.4	
1990	20.6	21.7	23.3	27.8	28.6	31.0	31.0	31.7	29.9	28.2	25.3	20.0	26.6	
1991	21.0	20.9	23.4	25.7	29.3	30.6	30.8	31.0	30.3	27.2	21.6	20.3	26.0	
1992	17.8	21.8	23.8	27.6	30.2	31.0	29.8	30.9	30.6	24.4	20.3	21.3	25.8	
1993	17.7	19.1	23.7	26.3	29.4	31.0	30.7	20.9	29.7	25.4	23.5	19.2	24.7	
1994	19.5	22.4	22.9	27.5	30.4	31.5	32.0	31.0	30.0	25.4	22.5	23.0	26.5	
1995	19.6	20.7	23.2	25.8	29.6	32.8	30.9	31.3	28.5	27.9	23.0	18.9	26.0	
1996	19.1	18.1	23.8	26.6	29.9	30.9	30.7	30.8	29.9	26.8	24.7	19.8	25.9	
1997	18.8	22.2	24.1	27.2	30.3	31.5	31.6	31.6	29.7	28.4	24.6	22.4	26.9	
1998	22.1	23.6	24.6	28.6	30.4	32.3	31.3	31.6	30.7	26.7	25.2	20.5	27.3	
1999	20.1	20.3	25.3	27.7	29.6	29.3	31.5	31.0	30.3	28.2	25.0	17.9	26.3	
2000	21.7	20.5	25.8	29.0	30.2	30.8	31.4	31.7	28.8	29.3	22.4	21.5	26.9	
2001	21.5	21.3	25.1	28.5	30.2	31.4	31.5	31.7	28.2	29.2	21.2	21.7	26.8	
2002	19.7	21.5	23.8	27.7	30.3	32.3	32.4	31.0	30.2	28.4	19.4	23.1	26.7	
2003	16.4	22.3	24.4	28.1	31.0	31.6	28.4	26.3	31.1	26.1	20.3	21.8	25.6	
2004	19.6	20.0	23.7	27.5	30.2	31.2	31.0	32.6	30.4	25.1	23.5	18.8	25.8	
2005	19.0	22.5	21.2	27.0	29.2	29.3	29.3	30.0	28.6	25.8	24.1	18.7	25.1	
2006	19.0	20.6	20.0	24.8	23.7	27.7	29.6	29.4	27.3	27.3	23.6	18.5	23.9	
2007	—	—	—	—	—	—	—	—	—	—	—	—	—	
2008	—	—	—	—	—	—	—	—	—	29.3	23.9	19.4	—	
2009	17.0	20.0	26.0	28.5	27.1	30.5	31.2	32.3	30.7	28.5	23.9	—	—	
2010	—	—	—	—	—	—	—	—	—	—	—	—	—	
2011	—	—	—	—	—	—	—	—	—	—	—	—	—	
2012	—	—	—	—	—	—	—	—	—	—	—	—	—	

（续）

年份	1月	2月	3月	4月	5月	6月	7月	8月	9月	10月	11月	12月	年平均	备注
2013	—	—	—	—	—	—	—	—	—	—	—	—	—	
2014	—	—	—	—	—	—	—	—	—	—	—	—	—	
2015	17.2	20.4	24.4	25.3	29.7	30.0	30.3	31.0	31.6	27.9	26.7	22.6	26.4	
2016	22.2	18.8	21.5	27.0	30.6	31.6	31.5	32.6	31.0	29.8	26.5	22.6	27.1	
2017	22.4	20.9	23.6	26.0	30.7	32.9	31.8	32.4	32.2	27.6	25.8	20.0	26.8	
2018	21.0	15.4	23.8	27.3	30.5	32.4	32.2	32.9	—	—	—	—	—	

附表7　尖峰试验站气象站月平均相对湿度（%）

年份	1月	2月	3月	4月	5月	6月	7月	8月	9月	10月	11月	12月	年平均	备注
1957	80.4	84.8	84.8	76.5	75.9	81.8	80.6	82.5	86.3	86.0	81.2	82.2	81.9	
1958	81.7	84.8	76.2	70.7	68.4	76.9	82.2	82.1	83.4	82.5	74.9	71.5	77.9	
1959	78.7	83.0	81.4	74.8	77.0	68.1	78.2	84.6	84.9	78.5	81.0	84.8	79.6	
1960	76.6	75.3	71.5	73.9	71.7	76.8	79.2	85.9	84.0	83.7	85.3	81.2	78.8	
1961	76.8	83.0	79.8	72.1	81.1	82.9	79.7	82.9	86.6	85.5	82.4	81.4	81.2	
1962	80.8	78.8	80.8	78.5	74.7	82.9	81.7	86.3	87.6	81.8	81.8	75.4	80.9	
1963	68.4	77.4	79.1	70.8	64.0	81.9	86.0	86.4	87.3	85.5	87.3	81.1	79.6	
1964	87.4	82.3	77.1	68.6	80.3	81.0	80.0	86.7	83.7	84.2	76.8	80.1	80.7	
1965	76.7	81.3	76.8	71.1	74.9	84.0	81.7	82.4	86.0	86.1	85.0	86.4	81.0	
1966	83.9	82.9	81.0	75.0	84.0	78.5	79.0	86.6	79.7	87.3	82.5	86.7	82.3	
1967	82.2	81.4	75.9	80.9	74.1	80.9	80.9	86.5	89.8	83.7	84.5	83.1	82.0	
1968	73.4	88.2	80.3	81.9	73.5	74.6	72.3	86.1	86.8	82.9	85.1	83.3	81.0	
1969	85.3	82.9	85.8	74.2	71.4	76.8	82.1	82.4	83.2	83.2	78.7	78.7	80.4	
1970	77.0	77.1	80.8	75.4	75.7	77.9	81.8	91.2	87.8	83.7	86.9	89.2	82.0	
1971	84.3	83.4	80.6	82.0	81.5	81.3	82.0	84.5	84.8	83.4	80.2	86.0	82.8	
1972	81.9	84.3	83.2	80.0	80.4	83.0	85.5	88.9	88.2	88.0	88.1	87.5	84.6	
1973	86.3	82.7	78.0	74.1	73.3	80.5	83.2	87.0	89.5	81.1	82.1	78.6	81.4	
1974	79.8	81.3	84.2	80.3	82.1	83.8	78.9	86.8	87.7	80.6	84.7	85.7	83.0	
1975	85.4	83.8	80.6	72.4	70.9	80.9	81.1	85.2	85.4	82.9	83.2	78.4	80.9	
1976	81.9	79.3	81.7	73.6	73.9	80.5	80.6	84.4	85.7	88.2	82.9	84.9	81.5	
1977	86.5	81.4	75.8	73.4	69.1	64.6	75.7	82.8	84.5	87.4	80.1	82.5	78.7	
1978	82.1	83.6	81.5	76.3	78.2	86.1	84.4	87.3	87.0	80.5	85.7	82.1	82.9	
1979	83.3	80.5	78.5	78.3	78.8	76.1	77.8	81.9	84.7	75.8	74.7	76.8	78.9	
1980	79.5	80.0	73.1	67.0	70.4	77.8	79.6	68.2	87.0	86.6	83.9	84.8	78.1	
1981	80.1	78.4	75.9	70.9	77.8	82.0	81.8	85.1	88.9	87.1	85.0	79.8	81.1	
1982	79.9	80.4	73.7	81.9	79.5	81.3	83.7	83.1	85.6	87.3	86.4	80.3	81.9	
1983	84.4	85.8	79.4	73.2	71.6	69.9	72.6	87.6	83.7	85.3	88.1	80.4	80.2	
1984	80.8	83.3	77.2	74.8	75.8	81.1	79.1	88.0	86.3	83.0	83.7	82.4	81.3	
1985	85.4	86.5	81.3	83.3	79.7	80.6	80.0	86.1	83.9	85.2	84.5	69.6	82.2	

（续）

年份	1月	2月	3月	4月	5月	6月	7月	8月	9月	10月	11月	12月	年平均	备注
1986	76.3	83.8	75.1	70.7	78.4	76.0	76.8	85.8	81.6	85.9	82.7	84.6	79.8	
1987	79.5	79.7	73.9	74.5	69.5	75.9	82.0	76.1	85.1	85.7	86.6	76.1	78.7	
1988	82.3	78.8	77.8	83.0	73.0	74.6	77.3	82.0	80.6	85.8	81.2	81.6	79.8	
1989	85.1	81.0	84.2	74.6	75.6	76.6	80.7	87.0	85.0	84.6	83.5	81.4	81.6	
1990	85.2	83.0	84.5	79.6	80.6	82.8	82.5	84.6	87.0	88.8	94.9	83.0	84.7	
1991	84.1	81.3	73.1	73.6	74.4	79.0	81.3	87.0	87.5	87.8	82.9	84.6	81.4	
1992	84.1	86.8	78.7	79.8	79.2	81.6	84.3	85.3	88.7	83.0	77.9	85.0	82.9	
1993	82.5	79.6	80.0	75.3	74.9	74.8	76.7	69.8	87.8	83.8	84.0	83.2	79.4	
1994	83.1	79.4	81.5	74.2	77.6	84.9	89.2	86.6	86.1	84.1	84.9	88.2	83.3	
1995	87.2	85.0	80.1	71.4	80.7	84.0	83.2	87.0	85.2	87.3	86.1	82.6	83.3	
1996	83.3	82.2	79.6	83.5	82.1	80.7	79.5	84.7	91.9	77.1	85.8	84.0	82.9	
1997	82.1	89.6	83.8	84.0	81.4	86.1	86.9	85.8	90.3	89.3	85.6	85.6	85.9	
1998	84.2	85.8	75.7	78.2	78.7	78.5	78.7	84.1	89.2	83.5	86.2	83.2	82.2	
1999	84.7	81.4	77.6	78.1	90.2	84.4	83.0	86.4	89.9	88.3	88.7	82.8	84.6	
2000	91.2	84.0	91.2	81.7	82.7	81.8	90.4	89.7	86.4	90.0	82.1	83.5	86.2	
2001	84.3	82.9	82.7	78.7	82.2	83.2	84.9	89.5	88.5	89.9	80.6	85.7	84.4	
2002	86.5	81.5	78.3	74.7	77.2	79.7	84.9	90.8	89.2	90.3	85.2	83.3	83.5	
2003	77.8	83.7	82.9	81.1	81.0	82.8	88.2	91.9	88.5	85.7	88.2	87.8	85.0	
2004	80.2	82.8	80.9	82.1	80.1	83.9	83.3	89.1	89.9	81.5	81.5	75.9	82.6	
2005	80.2	79.2	80.0	76.9	64.8	68.7	74.6	81.8	80.8	77.6	79.3	72.6	76.4	
2006	74.1	77.7	75.4	70.6	62.1	68.2	75.6	81.7	77.7	81.8	76.1	71.9	74.4	
2007	—	—	—	—	—	—	—	—	—	—	—	—	—	
2008	—	—	—	—	—	—	—	—	—	89.5	84.5	82.9		
2009	80.5	82.9	79.5	80.5	78.1	75.9	82.6	92.4	88.5	89.3	84.6	—		
2010	—	—	—	—	—	—	—	—	—	—	—	—		
2011	—	—	—	—	—	—	—	—	—	—	—	—		
2012	—	—	—	—	—	—	—	—	—	—	—	—		
2013	—	—	—	—	—	—	—	—	—	—	—	—		
2014	—	—	—	—	—	—	—	—	—	—	—	—		
2015	78.0	80.0	72.0	75.0	68.0	70.0	83.0	82.0	86.0	85.0	84.0	82.0	79.0	
2016	87.0	82.0	79.0	72.0	78.0	77.0	81.0	87.0	86.0	87.0	85.0	83.0	82.0	
2017	83.7	81.6	77.3	77.9	82.8	83.5	87.5	84.8	86.5	85.8	86.6	81.3	83.3	
2018	85.4	75.1	73.6	72.7	67.8	81.1	85.0	87.5	81.1	—				

附表 8　尖峰试验站气象站月降水量（mm）

年份	1月	2月	3月	4月	5月	6月	7月	8月	9月	10月	11月	12月	全年	备注
1957	1.5	81.5	46.8	98.3	236.2	109.8	134.4	426.4	164.6	161.0	39.0	5.2	1 504.7	
1958	17.2	38.3	13.5	0.6	21.1	473.2	238.6	216.2	238.3	159.3	8.4	4.7	1 429.4	

（续）

年份	1月	2月	3月	4月	5月	6月	7月	8月	9月	10月	11月	12月	全年	备注
1959	2.0	94.0	0.3	43.4	163.7	31.8	256.5	558.3	231.9	36.9	56.1	52.1	1 527.0	
1960	3.8	0.3	20.3	19.4	61.2	148.0	158.9	487.4	309.8	195.8	87.6	2.7	1 495.2	
1961	4.4	30.9	61.4	123.7	93.1	237.9	56.9	178.5	249.7	178.9	55.0	46.6	1 317.0	
1962	7.7	39.4	13.4	35.9	152.3	219.6	117.3	348.3	480.1	265.8	8.6	12.3	1 700.7	
1963	2.7	11.0	14.8	2.1	0.0	233.0	426.1	522.9	1 087.8	131.8	93.6	13.3	2 539.1	
1964	26.3	13.2	6.7	60.1	132.1	188.3	608.0	443.0	146.0	406.9	11.4	21.9	2 063.9	
1965	0.7	7.9	7.4	98.7	119.4	313.3	180.0	165.4	285.5	247.5	68.6	59.1	1 553.5	
1966	17.1	29.1	106.1	3.0	224.8	53.3	507.0	342.3	96.6	121.0	20.1	69.3	1 589.7	
1967	11.2	8.1	2.2	115.6	142.3	211.9	119.9	255.7	215.3	58.2	34.8	6.7	1 181.9	
1968	0.7	43.8	30.9	69.4	3.4	28.5	113.3	524.4	401.2	43.6	39.8	5.1	1 304.1	
1969	114.1	8.3	83.7	13.1	16.7	113.1	181.3	55.1	103.0	213.3	9.6	1.2	912.1	
1970	0.5	6.8	18.9	18.3	280.8	273.4	51.9	686.1	274.7	571.8	102.8	104.4	2 390.4	
1971	13.1	2.3	12.8	50.7	355.0	170.1	99.8	212.8	299.5	179.2	9.7	57.6	1 462.6	
1972	6.8	15.4	29.4	112.1	116.6	124.7	261.4	418.4	345.9	294.9	133.5	54.6	1 913.7	
1973	61.3	5.4	30.2	64.3	28.1	133.3	218.8	501.2	367.2	138.7	55.7	0.3	1 604.5	
1974	3.9	8.6	23.9	81.6	289.1	316.3	51.3	799.9	222.5	220.5	11.8	4.8	2 034.2	
1975	20.6	28.2	37.1	15.2	42.0	307.7	256.5	403.5	508.3	152.7	65.1	50.5	1 887.4	
1976	14.4	5.5	19.1	32.1	33.1	147.0	192.0	136.9	345.2	303.5	51.0	8.0	1 287.8	
1977	30.8	1.5	1.0	45.0	36.1	0.0	685.6	186.2	350.3	132.6	11.2	15.1	1 495.4	
1978	9.9	22.7	100.5	23.2	74.1	559.1	370.1	266.5	437.5	471.9	53.4	1.5	2 390.4	
1979	22.1	1.7	13.9	89.4	161.2	156.0	27.5	258.6	330.1	34.2	2.3	0.7	1 097.7	
1980	8.3	17.3	5.3	7.2	52.9	417.1	550.7	161.3	488.8	304.9	23.2	7.2	2 044.2	
1981	13.2	3.2	22.1	67.0	195.7	268.6	385.2	186.2	205.5	291.7	55.8	1.6	1 695.8	
1982	0.6	36.1	26.0	144.5	144.5	135.6	259.6	60.5	299.8	414.0	155.1	95.4	1 771.7	
1983	10.9	28.2	71.4	17.4	34.5	29.0	755.9	344.6	189.3	234.3	40.1	15.6	1 771.2	
1984	9.2	17.8	5.0	89.0	132.1	328.3	91.8	479.4	246.1	125.3	63.6	1.7	1 589.3	
1985	19.4	82.2	4.5	82.2	108.5	217.9	59.1	165.9	183.9	306.5	29.0	4.5	1 263.6	
1986	4.3	35.2	3.7	4.1	408.2	39.1	123.7	365.2	373.1	109.2	11.1	10.6	1 487.5	
1987	10.3	0.9	45.0	19.3	78.8	82.6	209.5	135.4	194.0	221.9	42.8	35.0	1 075.5	
1988	5.4	5.3	15.8	91.3	20.9	92.0	139.7	209.3	91.2	298.7	24.3	26.2	1 020.1	
1989	14.8	2.5	24.5	28.5	115.3	462.4	87.6	412.5	104.8	343.7	174.6	3.7	1 774.9	
1990	5.0	38.7	24.4	85.3	160.9	353.3	169.9	220.7	159.3	172.9	95.2	11.5	1 497.1	
1991	25.3	5.2	26.8	5.8	50.7	460.4	574.1	633.4	234.6	150.7	21.4	24.1	2 212.5	
1992	25.4	131.0	43.8	39.8	129.8	472.7	454.3	212.7	211.9	84.7	28.7	29.4	1 864.2	
1993	5.8	0.1	17.6	30.0	123.9	7.8	123.1	226.4	241.8	96.2	115.7	24.1	1 012.5	
1994	0.6	0.5	37.5	12.0	116.9	255.9	423.4	359.3	532.1	119.5	0.7	77.8	1 936.2	
1995	9.9	13.0	15.3	0.4	168.6	245.5	152.5	613.5	219.3	404.0	24.6	14.2	1 880.8	
1996	0.5	16.7	5.3	85.6	108.2	74.3	416.3	310.3	683.2	83.1	55.4	5.3	1 844.2	
1997	18.0	57.2	120.0	224.6	127.9	296.4	151.6	265.6	335.9	269.8	1.4	17.6	1 886.0	

（续）

年份	1月	2月	3月	4月	5月	6月	7月	8月	9月	10月	11月	12月	全年	备注
1998	4.7	26.1	0.2	51.7	118.5	144.6	148.3	227.6	184.5	235.8	53.6	21.6	1 217.2	
1999	24.3	13.9	2.6	98.1	238.1	122.5	614.2	171.2	188.8	237.0	192.4	52.0	1 955.1	
2000	14.3	16.6	14.1	15.1	115.6	38.0	592.3	70.4	285.0	175.1	12.0	5.6	1 354.1	
2001	10.9	4.2	82.0	9.9	153.8	257.3	179.2	875.6	583.9	265.1	3.7	59.4	2 485.0	
2002	18.9	2.4	65.3	9.8	61.0	63.1	296.9	150.2	705.8	125.7	14.7	53.6	1 567.4	
2003	23.2	0.4	13.4	60.6	151.2	206.4	283.9	739.2	298.2	11.6	294.4	92.0	2 174.5	
2004	1.0	39.8	9.3	185.3	115.5	339.7	143.0	6.0	97.7	9.6	5.3	8.1	960.4	
2005	6.8	18.9	7.3	20.8	11.2	34.2	855.6	266.0	441.8	85.6	89.3	9.9	1 847.4	
2006	10.6	16.2	7.3	2.0	33.5	102.5	115.2	215.8	120.8	68.3	47.9	8.6	748.7	
2007	—	—	—	—	—	—	—	—	—	—	—	—	—	
2008	—	—	—	—	—	—	—	—	—	4.6	59.2	31.2	—	
2009	6.1	0.00	5.8	36.1	4.3	20.3	159.8	211.6	112.8	184.2	1.0	—	—	
2010	—	—	—	—	—	—	—	—	—	—	—	—	—	
2011	—	—	—	—	—	—	—	—	—	—	—	—	—	
2012	—	—	—	—	—	—	—	—	—	—	—	—	—	
2013	—	—	—	—	—	—	—	—	—	—	—	—	—	
2014	—	—	—	—	—	—	—	—	—	—	—	—	—	
2015	4.0	5.4	3.3	28.3	12.1	537.3	827.6	147.2	225.7	134.3	39.5	23.5	1 998.2	
2016	69.8	29.9	25.9	124.8	36.8	88.5	317.6	746.7	375.5	556.8	58.1	6.0	2 436.4	
2017	14.8	10.6	35.9	108.7	223.5	288.5	280.7	102.8	137.5	178.7	65.5	18.0	1 465.2	
2018	27.3	5.2	21.2	119.4	10.7	115.2	234.7	107.2	69.4	115.8	85.4	9.6	921.1	

附表9　尖峰试验站气象站月蒸发量（mm）

年份	1月	2月	3月	4月	5月	6月	7月	8月	9月	10月	11月	12月	全年	备注
1957	137.8	97.8	122.7	200.4	250.4	158.3	191.8	180.4	145.5	126.1	136.5	127.0	1 874.7	
1958	111.1	88.7	205.2	241.6	289.7	204.0	170.5	181.7	134.1	145.9	149.7	153.3	2 075.5	
1959	137.1	120.3	11.9	212.6	234.6	267.9	213.3	160.1	145.2	172.8	145.9	130.4	1 952.1	
1960	157.3	166.2	242.6	198.8	277.1	195.0	208.1	136.4	143.9	112.5	119.0	132.2	2 089.1	
1961	148.7	110.0	157.7	180.9	167.6	152.1	193.7	170.8	146.0	144.4	122.2	116.1	1 810.2	
1962	95.9	115.4	132.5	164.0	240.9	157.9	185.1	154.0	119.3	132.2	106.5	129.1	1 732.8	
1963	148.7	107.6	148.8	226.0	319.7	164.1	139.8	134.7	119.0	126.3	118.2	134.0	1 886.9	
1964	107.8	121.3	173.5	255.5	180.1	175.6	197.8	140.3	164.0	153.8	150.7	136.1	1 956.5	
1965	161.3	142.0	177.5	240.1	237.1	132.0	187.5	190.9	162.8	146.8	118.9	124.2	2 021.1	
1966	131.1	124.9	169.0	221.8	154.0	189.8	189.0	158.0	181.8	120.0	142.6	103.4	1 885.4	
1967	103.4	119.3	197.7	174.0	242.8	188.0	196.0	123.8	105.2	144.7	124.6	109.0	1 828.5	
1968	116.0	43.6	154.5	149.6	247.0	233.0	262.6	142.9	122.2	160.2	131.0	149.2	1 911.8	
1969	117.4	104.4	117.9	206.5	282.9	199.5	171.5	178.3	164.1	154.7	155.8	140.6	1993.6	
1970	142.3	153.9	157.2	199.2	245.5	186.0	197.7	162.5	125.8	120.5	102.5	83.3	1 876.5	

（续）

年份	1月	2月	3月	4月	5月	6月	7月	8月	9月	10月	11月	12月	全年	备注
1971	98.1	109.9	159.2	164.3	190.4	154.9	161.9	156.9	161.0	125.6	132.2	99.4	1 713.9	
1972	126.9	104.5	162.1	182.2	209.4	169.8	128.7	100.0	129.2	102.4	95.2	98.5	1 608.9	
1973	122.6	141.4	172.1	197.7	263.3	182.2	180.0	126.1	101.1	144.4	126.2	136.8	1 893.9	
1974	140.5	108.2	126.3	175.4	201.5	150.7	222.6	127.1	150.4	162.7	111.1	101.4	1 777.9	
1975	101.0	126.7	159.8	248.6	293.0	170.8	183.0	135.8	149.3	146.8	119.7	103.7	1 938.2	
1976	125.6	136.6	140.4	208.4	240.6	168.4	136.0	142.6	117.0	117.4	106.8	104.0	1 743.8	
1977	93.9	102.2	163.5	203.6	279.1	307.5	182.5	166.2	143.0	113.0	125.1	110.9	1 990.5	
1978	116.4	89.4	143.0	178.1	176.0	129.8	145.6	110.9	85.9	117.6	98.9	103.2	1 494.8	
1979	102.4	109.9	130.5	146.4	174.2	129.5	196.8	119.4	117.9	157.8	137.2	137.1	1 659.1	
1980	125.8	97.9	196.7	238.2	247.8	173.1	166.9	160.0	98.3	113.5	100.7	89.4	1 808.3	
1981	111.1	114.7	167.1	212.0	179.5	153.0	152.5	125.5	123.0	113.2	101.5	104.6	1 657.7	
1982	118.4	109.6	177.1	130.1	187.9	151.1	145.6	158.2	120.6	124.5	105.6	122.0	1 650.7	
1983	97.6	82.0	100.7	186.9	243.9	257.1	246.0	130.0	156.7	117.8	133.0	104.9	1 856.6	
1984	93.6	90.2	163.5	218.3	208.8	154.5	197.7	121.0	136.7	135.9	112.3	105.4	1 737.9	
1985	95.2	80.3	137.7	130.1	200.5	170.4	184.2	116.9	131.0	132.2	113.8	126.4	1 618.7	
1986	138.0	94.5	165.1	229.8	196.7	184.2	183.7	136.1	172.6	119.4	118.0	103.8	1 841.9	
1987	131.4	127.3	199.4	200.1	284.7	204.0	164.5	217.5	148.3	145.6	108.6	131.2	2 062.6	
1988	113.6	129.4	162.4	145.7	252.4	208.0	209.9	163.8	185.3	108.8	125.0	117.6	1 921.9	
1989	99.9	129.6	122.2	213.0	223.6	201.4	187.5	83.2	87.1	81.0	77.8	85.7	1 592.0	
1990	75.5	84.1	107.3	155.2	146.9	137.3	150.0	138.7	123.3	96.2	98.5	110.2	1 423.3	
1991	118.1	116.7	183.1	211.4	229.5	153.4	160.0	122.3	120.4	109.4	109.8	100.5	1 734.6	
1992	89.4	79.1	148.4	154.4	184.4	141.8	140.0	159.0	125.9	122.3	133.5	110.1	1 588.3	
1993	105.5	127.7	151.8	178.8	220.6	222.0	209.9	142.4	123.1	143.2	130.8	112.6	1 868.4	
1994	114.2	117.4	118.4	239.1	199.8	116.0	94.6	141.2	98.2	141.9	130.3	108.3	1 619.4	
1995	95.5	90.9	141.3	208.0	121.6	150.6	162.8	123.6	130.9	110.6	96.6	106.3	1 538.7	
1996	118.3	105.6	169.3	127.1	174.6	185.6	209.2	111.6	136.7	117.1	97.5	87.9	1 640.5	
1997	81.9	59.0	117.6	151.4	155.3	107.5	104.6	120.5	78.2	123.5	101.5	91.4	1 292.4	
1998	91.0	74.7	147.5	153.4	171.5	154.1	154.4	128.5	78.6	104.4	93.0	89.1	1 440.2	
1999	75.0	105.7	136.2	138.5	107.3	124.1	125.5	104.8	114.0	112.1	80.6	75.7	1 299.5	
2000	88.6	85.6	102.5	141.5	163.8	136.5	93.9	115.3	106.3	83.0	106.3	88.7	1 312.0	
2001	102.8	98.6	109.1	166.8	140.0	138.2	127.4	104.1	88.6	103.7	129.5	96.8	1 405.6	
2002	95.1	79.6	125.3	152.4	153.0	143.8	119.0	115.6	71.3	118.6	75.5	49.7	1 298.9	
2003	83.3	92.3	103.4	131.2	148.5	120.4	152.0	103.5	62.4	142.1	86.3	90.2	1 315.6	
2004	64.4	63.6	73.1	87.2	106.1	93.4	88.8	80.9	77.5	88.2	69.8	77.1	969.98	
2005	66.4	69.4	48.7	83.2	123.1	106.5	89.8	86.6	72.4	90.5	70.1	57.3	963.89	
2006	51.0	65.0	39.4	20.3	33.5	105.5	89.7	90.9	101.0	91.6	83.6	77.1	848.4	
2007	—	—	—	—	—	—	—	—	—	—	—	—	—	
2008	—	—	—	—	—	—	—	—	—	50.4	127.9	102.9	—	
2009	3.7	0.3	0.2	11.3	3.7	9.2	6.6	3.2	1.2	7.7	1.2	—	—	异常

（续）

年份	1月	2月	3月	4月	5月	6月	7月	8月	9月	10月	11月	12月	全年	备注
2010	—	—	—	—	—	—	—	—	—	—	—	—	—	
2011	—	—	—	—	—	—	—	—	—	—	—	—	—	无数
2012	—	—	—	—	—	—	—	—	—	—	—	—	—	据记
2013	—	—	—	—	—	—	—	—	—	—	—	—	—	录
2014	—	—	—	—	—	—	—	—	—	—	—	—	—	
2015	—	—	—	—	—	—	—	—	—	—	—	—	—	大部
2016	—	—	—	—	—	—	—	—	—	—	—	—	—	分数 据为
2017	—	—	—	—	—	—	—	—	—	—	—	—	—	0和
2018	—	—	—	—	—	—	—	—	—	—	—	—	—	负数

附表 10　尖峰试验站气象站月平均风速（m/s）

年份	1月	2月	3月	4月	5月	6月	7月	8月	9月	10月	11月	12月	年平均	备注
1957	1.8	1.7	1.7	2.1	2.4	2.1	2.4	2.5	2.1	2.2	2.7	2.2	2.2	
1958	1.9	2.0	2.2	2.1	2.3	2.3	2.1	2.1	2.0	2.1	2.3	2.4	2.2	
1959	2.0	1.9	2.0	2.9	2.5	2.8	2.3	2.3	2.2	2.9	2.3	2.2	2.4	
1960	2.3	2.8	3.1	2.2	2.8	2.8	2.4	1.9	1.8	2.0	1.8	1.9	2.3	
1961	1.8	1.4	1.8	1.9	1.7	2.4	1.9	1.8	1.9	1.7	1.9	1.6	1.8	
1962	1.4	1.7	1.7	1.9	2.5	1.8	2.0	1.9	2.0	1.9	1.9	2.4	1.9	
1963	2.6	2.0	2.0	2.8	3.5	2.1	2.0	2.1	3.2	1.8	1.5	2.3	2.3	
1964	1.5	1.7	2.0	3.1	2.0	2.2	3.3	1.8	2.7	3.1	3.0	2.3	2.4	
1965	2.9	2.3	2.5	3.2	2.6	1.9	2.4	2.7	2.5	1.6	2.2	1.6	2.4	
1966	1.6	2.0	2.0	2.7	1.7	2.2	2.7	1.5	1.8	1.3	1.7	1.3	1.9	
1967	1.9	1.7	2.3	1.9	2.3	1.9	1.6	1.7	1.5	1.9	1.6	1.5	1.8	
1968	1.5	0.8	1.5	1.4	2.1	1.9	2.5	2.2	2.1	1.5	1.4	1.8	1.7	
1969	1.5	1.5	1.5	2.2	2.9	2.2	2.1	1.9	2.0	1.4	2.0	2.1	1.9	
1970	1.7	2.1	2.0	2.3	2.4	1.7	2.2	1.5	1.6	2.2	1.1	0.8	1.8	
1971	1.2	1.1	1.5	1.3	2.5	2.1	2.3	1.8	2.2	2.4	2.3	1.8	1.9	
1972	1.9	1.3	1.7	1.8	2.0	1.7	1.4	1.7	1.4	1.7	1.8	0.8	1.6	
1973	1.4	1.4	1.6	1.6	2.3	1.3	1.6	1.5	1.2	2.8	1.3	1.5	1.6	
1974	1.4	1.4	1.5	1.5	1.6	2.8	2.2	1.6	1.8	2.5	1.3	1.1	1.7	
1975	1.0	1.2	1.6	2.1	2.9	1.7	1.3	1.5	1.6	2.3	1.4	2.0	1.7	
1976	1.6	1.5	1.3	2.1	1.9	1.3	1.8	1.4	2.0	1.2	1.4	1.5	1.6	
1977	1.3	1.4	1.9	1.9	2.2	2.4	2.2	1.6	1.5	1.2	1.4	1.3	1.7	
1978	1.4	1.4	1.7	1.8	1.3	1.3	1.1	1.4	2.1	1.8	1.2	1.4	1.5	
1979	1.4	1.2	1.7	1.6	1.6	1.4	1.4	1.5	1.6	1.4	1.9	1.5	1.5	
1980	1.2	1.0	1.6	2.1	1.8	2.0	1.7	2.3	1.0	1.0	1.0	0.6	1.4	
1981	0.8	1.2	1.5	1.8	1.5	1.4	1.6	1.3	1.0	0.9	1.1	1.1	1.3	
1982	1.1	1.1	1.3	1.2	1.3	1.2	1.0	1.2	1.0	1.1	0.8	1.3	1.1	

（续）

年份	1月	2月	3月	4月	5月	6月	7月	8月	9月	10月	11月	12月	年平均	备注
1983	0.8	0.9	1.1	1.4	1.4	1.6	1.9	0.6	1.0	1.3	0.9	0.7	1.1	
1984	0.8	0.6	1.0	1.4	1.4	1.0	1.0	0.8	0.8	0.8	0.7	0.5	0.9	
1985	0.6	1.0	0.9	0.9	1.2	1.3	1.3	1.1	1.7	1.3	0.7	0.9	1.1	
1986	1.1	0.9	1.3	1.9	1.4	1.3	1.6	1.1	1.3	1.1	1.2	0.7	1.2	
1987	1.0	1.7	1.5	1.5	2.2	1.7	1.3	2.0	0.8	1.1	1.1	0.9	1.4	
1988	0.9	1.1	1.3	0.9	1.8	1.6	1.3	1.1	1.3	2.7	0.9	0.7	1.3	
1989	0.9	1.4	0.8	1.5	1.7	1.8	1.5	1.1	1.2	2.6	0.8	1.0	1.4	
1990	0.9	1.1	1.0	1.4	1.4	1.4	1.2	1.2	1.0	0.6	1.3	0.9	1.1	
1991	0.9	1.0	1.4	1.2	1.5	1.4	1.5	1.1	1.1	0.7	0.6	0.6	1.1	
1992	0.9	0.7	1.5	0.0	0.0	0.0	0.0	0.0	0.0	0.0	0.0	0.0	0.0	
1993	0.0	0.0	0.0	0.0	0.0	0.0	0.0	0.0	0.0	0.0	0.0	0.0	0.0	
1994	0.0	0.0	0.0	0.0	0.0	0.0	0.0	0.0	0.0	0.0	0.0	0.0	0.0	仪器损坏
1995	0.0	0.0	0.0	0.0	0.7	0.7	0.9	1.2	0.7	1.4	1.1	0.7	0.6	
1996	0.6	0.6	0.0	0.0	0.0	0.0	0.0	1.3	0.7	0.7	0.7	0.0	0.4	
1997	0.0	0.0	0.0	0.5	0.7	0.4	0.4	0.7	0.6	0.5	0.5	0.4	0.5	
1998	0.4	0.3	0.6	0.6	0.0	0.0	0.0	0.0	0.0	0.0	0.0	0.0	0.2	
1999	0.0	0.0	0.0	0.0	0.0	0.0	0.0	0.0	0.0	0.0	0.0	0.0	0.0	
2000	0.0	0.0	0.0	0.0	0.0	0.0	0.0	0.0	0.0	0.0	0.0	0.0	0.0	仪器损坏
2001	0.0	0.0	0.0	0.0	0.0	0.0	0.0	0.0	0.0	0.0	0.0	0.0	0.0	
2002	0.0	0.0	0.0	0.0	0.0	0.0	0.0	0.0	0.0	0.0	0.0	0.0	0.0	
2003	0.5	0.3	0.4	0.6	0.4	0.2	0.6	0.3	0.2	0.3	0.3	0.4	0.4	
2004	0.4	0.4	0.5	0.5	0.5	0.4	0.3	0.3	0.3	0.4	0.4	0.6	0.4	
2005	0.4	0.4	0.3	0.5	0.8	0.7	0.8	0.4	0.8	0.5	0.3	0.2	0.5	
2006	0.4	0.3	0.4	0.5	0.9	0.5	0.4	0.4	0.6	0.2	0.3	0.4	0.4	
2007	—	—	—	—	—	—	—	—	—	—	—	—	—	
2008	—	—	—	—	—	—	—	—	0.1	0.1	0.1	0.1	—	
2009	0.1	0.1	0.1	0.1	0.1	0.1	0.1	0.1	0.2	0.1	0.1	—	—	
2010	—	—	—	—	—	—	—	—	—	—	—	—	—	
2011	—	—	—	—	—	—	—	—	—	—	—	—	—	
2012	—	—	—	—	—	—	—	—	—	—	—	—	—	
2013	—	—	—	—	—	—	—	—	—	—	—	—	—	
2014	—	—	—	—	—	—	—	—	—	—	—	—	—	
2015	0.9	0.9	1.1	1.0	1.4	1.4	0.9	0.8	0.7	0.6	0.6	0.6	0.9	
2016	0.5	0.7	0.7	1.0	0.8	0.7	0.8	0.5	0.4	0.5	0.5	0.4	0.6	
2017	0.4	0.5	0.7	0.6	0.5	0.7	0.5	0.6	0.5	0.4	0.3	0.4	0.5	
2018	0.4	0.7	0.9	1.0	1.0	0.6	0.5	0.4	—	—	—	—	—	

附表 11　尖峰试验站气象站月平均地面温度（℃）

年份	1月	2月	3月	4月	5月	6月	7月	8月	9月	10月	11月	12月	年平均	备注
1957	0.0	0.0	0.0	0.0	0.0	0.0	0.0	0.0	0.0	0.0	0.0	0.0	0.0	
1958	0.0	0.0	0.0	0.0	0.0	0.0	0.0	0.0	0.0	0.0	0.0	0.0	0.0	查找
1959	0.0	0.0	0.0	0.0	0.0	0.0	0.0	0.0	0.0	0.0	0.0	0.0	0.0	过报
1960	0.0	0.0	0.0	0.0	0.0	0.0	0.0	0.0	0.0	0.0	0.0	0.0	0.0	表，
1961	0.0	0.0	0.0	0.0	0.0	0.0	0.0	0.0	0.0	0.0	0.0	0.0	0.0	无记
1962	0.0	0.0	0.0	0.0	0.0	0.0	33.4	30.9	30.0	29.4	27.2	23.2	29.0	录
1963	20.7	23.9	27.9	33.9	39.2	30.4	29.9	30.0	29.7	27.9	26.6	23.7	28.5	
1964	25.1	25.0	28.6	33.3	32.3	32.1	32.6	30.1	30.0	28.8	25.7	23.3	28.9	
1965	22.9	26.8	27.6	32.5	34.7	30.2	33.2	31.5	28.5	28.1	25.5	24.9	28.8	
1966	24.7	26.1	28.3	33.3	30.0	33.8	32.8	29.8	30.1	28.7	26.7	24.7	29.1	
1967	22.0	24.2	28.0	29.4	35.1	32.8	33.8	30.0	29.0	27.6	26.0	22.8	28.4	
1968	21.1	15.3	26.5	28.4	36.1	35.7	36.0	30.7	28.1	28.9	26.8	27.1	29.6	
1969	25.0	23.2	26.7	30.1	37.3	35.1	31.6	32.2	29.9	28.7	26.1	23.6	29.1	
1970	25.5	26.0	28.3	31.8	34.9	33.5	34.4	31.4	29.4	26.6	25.1	23.8	29.2	
1971	22.1	24.8	27.9	29.7	31.3	30.7	30.5	30.9	31.0	25.7	23.8	22.7	27.6	
1972	22.4	24.1	26.8	28.9	31.3	32.3	29.8	28.1	28.5	27.8	26.4	23.2	27.5	
1973	23.4	25.7	27.7	32.1	35.7	33.0	31.9	30.2	27.7	27.1	25.2	22.7	28.5	
1974	22.9	23.4	25.6	28.4	31.2	31.4	35.7	30.4	28.9	26.5	25.0	24.6	27.8	
1975	22.9	24.9	28.0	32.6	36.5	31.6	32.2	31.2	29.1	26.8	25.6	20.4	28.5	
1976	22.3	26.2	26.6	32.2	36.0	32.5	31.8	30.3	29.3	27.9	24.0	23.8	28.6	
1977	22.3	22.7	27.1	31.2	36.7	39.9	33.0	31.6	28.4	27.2	25.2	24.4	29.1	
1978	24.3	23.3	27.7	31.7	32.7	32.0	32.0	30.7	27.9	27.1	25.2	24.4	28.2	
1979	24.6	26.5	28.6	31.7	32.7	31.6	37.1	31.1	29.4	30.2	27.7	25.1	29.7	
1980	24.9	25.4	31.0	33.8	35.9	32.9	33.8	33.3	27.8	29.0	26.9	24.7	29.9	
1981	24.1	27.4	30.3	34.9	33.3	31.2	31.0	30.9	29.7	28.6	26.7	24.2	29.4	
1982	25.1	26.4	29.0	28.7	33.8	33.1	32.2	33.2	29.4	27.9	26.6	22.8	29.0	
1983	24.2	25.0	25.3	31.3	36.0	36.9	36.2	31.0	31.8	27.8	26.9	24.7	29.8	
1984	22.4	24.6	29.4	33.5	33.1	31.6	34.9	29.3	29.5	28.3	26.7	25.5	29.1	
1985	24.5	23.9	28.3	29.2	33.0	32.9	33.3	30.0	25.6	28.0	27.2	25.3	28.4	
1986	24.6	25.1	28.4	34.6	32.6	35.1	34.5	31.2	31.2	28.4	26.5	25.5	29.8	
1987	25.7	27.8	31.4	32.5	37.3	35.1	32.6	34.4	30.1	29.2	28.0	24.4	30.7	
1988	26.2	25.0	28.8	30.2	36.9	35.1	36.0	33.2	31.6	26.2	24.7	23.4	29.8	
1989	24.2	25.4	27.4	32.9	35.1	34.1	32.8	31.1	31.1	26.9	25.4	24.4	29.2	
1990	25.3	27.5	26.7	31.8	32.5	31.8	33.8	33.1	29.8	27.8	26.2	25.5	29.3	
1991	26.2	27.2	31.1	33.6	36.2	33.0	32.5	29.9	30.0	28.1	26.3	24.6	29.9	
1992	22.1	24.6	28.7	31.8	34.9	33.3	30.6	31.4	29.9	27.5	25.9	25.1	28.8	
1993	23.6	26.7	30.6	32.4	35.4	37.4	35.4	30.9	28.7	27.9	25.6	23.5	29.8	
1994	25.6	28.5	28.0	36.1	35.5	31.2	29.7	31.2	27.7	28.8	27.6	25.0	29.6	
1995	24.3	25.7	29.2	35.8	33.9	33.9	33.9	30.3	29.2	27.8	25.2	23.4	29.4	

（续）

年份	1月	2月	3月	4月	5月	6月	7月	8月	9月	10月	11月	12月	年平均	备注
1996	25.0	24.4	30.1	18.7	31.1	34.4	35.3	32.6	28.5	28.8	26.9	24.7	28.4	
1997	23.8	24.0	28.2	26.3	33.5	31.6	31.2	31.5	28.8	28.6	28.6	26.9	28.6	
1998	27.1	27.3	31.4	34.0	35.8	36.2	36.5	33.0	29.1	28.6	26.7	24.7	30.9	
1999	24.2	27.6	33.0	32.1	30.6	32.0	35.3	30.8	29.6	28.0	26.3	21.8	29.3	
2000	25.5	26.6	28.5	32.9	33.3	33.6	31.4	32.0	29.0	27.4	26.0	26.4	29.4	
2001	26.9	27.4	29.8	35.0	32.6	32.5	32.5	29.1	28.5	28.3	25.4	23.8	29.3	
2002	23.5	25.1	28.0	33.0	32.3	33.6	31.7	29.1	27.7	29.1	27.3	25.3	28.8	
2003	20.2	28.2	23.8	33.5	33.1	32.0	33.2	29.9	28.7	29.8	21.2	18.0	27.6	
2004	—	—	—	—	—	—	—	—	—	—	—	—	—	
2005	—	—	—	—	—	—	—	—	—	—	—	—	—	
2006	—	—	—	—	—	—	—	—	—	—	—	—	—	
2007	—	—	—	—	—	—	—	—	—	—	—	—	—	
2008	—	—	—	—	—	—	—	—	—	—	—	—	—	
2009	—	—	—	—	—	—	—	—	—	—	—	—	—	
2010	—	—	—	—	—	—	—	—	—	—	—	—	—	
2011	—	—	—	—	—	—	—	—	—	—	—	—	—	
2012	—	—	—	—	—	—	—	—	—	—	—	—	—	
2013	—	—	—	—	—	—	—	—	—	—	—	—	—	
2014	—	—	—	—	—	—	—	—	—	—	—	—	—	
2015	19.1	21.4	25.2	26.1	30.5	30.2	27.4	28.0	27.5	25.6	25.1	22.7	25.7	
2016	21.4	19.7	22.5	27.8	28.6	29.4	28.5	27.8	27.2	26.3	24.7	27.5	26.0	
2017	—	—	—	—	—	—	—	—	—	—	—	—	—	
2018	—	—	—	—	—	—	—	—	—	—	—	—	—	

附表 12　尖峰试验站气象站月平均地面最高温度（℃）

年份	1月	2月	3月	4月	5月	6月	7月	8月	9月	10月	11月	12月	年平均	备注
1957	0.0	0.0	0.0	0.0	0.0	0.0	0.0	0.0	0.0	0.0	0.0	0.0	0.0	
1958	0.0	0.0	0.0	0.0	0.0	0.0	0.0	0.0	0.0	0.0	0.0	0.0	0.0	
1959	0.0	0.0	0.0	0.0	0.0	0.0	0.0	0.0	0.0	0.0	0.0	0.0	0.0	查找过
1960	0.0	0.0	0.0	0.0	0.0	0.0	0.0	0.0	0.0	0.0	0.0	0.0	0.0	报表，
1961	0.0	0.0	0.0	0.0	0.0	0.0	0.0	0.0	0.0	0.0	0.0	0.0	0.0	无记
1962	0.0	0.0	0.0	0.0	0.0	0.0	2.3	0.0	0.0	0.0	0.0	0.0	0.2	录
1963	0.0	0.0	0.0	0.0	0.0	0.0	0.0	0.0	0.0	0.0	42.8	15.6	—	
1964	42.7	45.2	49.2	57.6	49.4	48.0	52.4	43.9	45.7	44.3	45.8	44.8	47.4	
1965	48.5	51.4	50.3	54.2	54.6	43.9	51.1	49.0	42.9	45.1	39.7	44.4	47.9	
1966	43.6	44.9	45.9	52.9	42.8	50.5	50.5	44.6	48.8	45.8	44.4	38.6	46.1	
1967	37.0	44.3	49.7	47.4	55.4	47.8	50.7	42.3	42.9	43.4	43.0	41.1	45.4	
1968	38.8	23.5	31.2	45.7	58.7	56.3	55.8	44.3	42.4	48.6	47.5	53.3	45.5	

（续）

年份	1月	2月	3月	4月	5月	6月	7月	8月	9月	10月	11月	12月	年平均	备注
1969	42.4	40.0	42.2	49.6	58.8	53.5	45.3	50.5	48.6	47.4	46.4	46.3	47.6	
1970	49.4	50.3	46.4	52.3	53.2	50.2	53.1	31.4	44.9	41.4	40.6	38.0	45.9	
1971	42.0	46.8	52.0	50.6	49.2	46.5	46.2	47.8	52.7	39.0	42.1	36.8	46.0	
1972	42.0	42.1	50.1	45.5	46.4	49.4	41.9	40.5	43.6	40.9	40.6	36.8	43.3	
1973	41.3	45.8	47.5	50.0	57.7	49.8	49.6	44.5	40.3	42.0	43.9	45.9	46.5	
1974	47.8	43.1	43.8	43.6	46.7	45.5	56.8	45.1	42.6	43.0	43.8	45.3	45.6	
1975	43.7	43.1	45.1	54.2	56.6	48.4	49.0	46.3	43.3	41.2	44.4	36.7	46.0	
1976	46.4	50.0	45.6	55.2	57.1	50.1	47.5	45.7	45.4	45.5	41.5	46.5	48.0	
1977	42.0	43.8	52.8	50.4	60.1	65.3	53.4	51.5	43.0	43.3	47.1	47.7	50.0	
1978	42.1	37.6	43.7	51.4	49.4	48.2	50.3	46.4	38.7	44.4	42.2	45.1	45.0	
1979	45.0	48.1	46.1	50.6	48.5	48.0	58.6	46.6	47.9	53.2	50.2	49.7	49.4	
1980	47.4	44.3	55.1	58.4	58.7	53.3	54.2	54.8	41.4	44.5	44.9	42.9	50.0	
1981	46.2	49.3	51.6	59.3	50.5	46.2	46.5	47.8	47.0	44.6	43.8	45.9	48.2	
1982	50.0	48.1	49.9	45.6	55.3	51.4	50.4	52.9	46.1	44.6	42.6	42.0	48.2	
1983	42.9	39.2	36.5	50.1	60.7	61.3	60.0	50.7	54.3	42.8	51.3	44.4	49.5	
1984	40.8	40.3	50.4	53.9	53.8	49.4	58.5	44.1	47.7	46.1	45.4	45.2	48.0	
1985	42.3	37.3	47.9	46.7	53.7	49.3	55.8	44.2	43.5	44.1	45.6	46.4	46.4	
1986	48.6	42.8	49.4	59.6	50.9	56.3	55.3	51.5	51.9	45.4	47.7	45.0	50.4	
1987	50.1	50.7	55.1	53.6	59.4	55.7	50.0	55.1	47.0	45.9	44.8	45.0	51.0	
1988	46.3	50.2	47.0	46.3	59.1	39.6	56.9	50.0	49.8	35.7	40.4	48.9	47.5	
1989	39.7	46.3	43.8	52.2	55.6	52.8	48.8	46.8	49.7	37.6	41.8	46.5	46.8	
1990	45.0	46.9	41.0	50.3	50.8	45.0	50.8	49.6	44.5	42.6	44.0	50.4	46.7	
1991	50.4	50.4	56.5	49.9	59.3	49.4	51.0	46.0	46.0	44.8	49.1	41.8	49.6	
1992	37.7	40.0	47.0	51.2	57.3	51.8	30.6	49.5	47.7	44.9	48.0	45.7	46.0	
1993	42.5	52.8	55.0	54.5	57.5	64.4	61.1	45.8	45.0	46.7	45.7	41.9	51.1	
1994	49.0	52.3	50.8	63.0	60.6	44.1	41.5	46.0	44.1	49.4	55.7	41.5	49.8	
1995	47.3	47.1	50.3	66.0	55.5	51.7	54.3	45.1	45.3	43.1	41.9	43.5	49.3	
1996	48.4	44.5	54.8	45.4	52.2	57.4	59.2	53.9	44.8	47.8	46.4	45.6	50.0	
1997	46.3	36.2	49.1	44.8	55.5	47.0	47.7	48.6	44.1	46.2	49.5	46.4	46.8	
1998	47.7	44.1	55.4	56.9	57.8	55.5	58.2	53.0	43.5	44.6	41.9	40.1	49.9	
1999	37.8	46.5	55.1	51.9	45.4	48.4	58.3	47.6	46.2	43.9	42.1	44.2	47.3	
2000	44.5	48.3	37.8	59.1	55.7	54.5	48.3	53.5	45.4	40.2	46.9	45.1	48.3	
2001	48.9	50.4	52.0	59.4	52.1	49.7	50.7	43.9	42.2	44.8	44.1	45.2	48.6	
2002	27.3	46.5	49.4	57.5	52.9	51.7	46.8	47.1	39.8	47.8	45.5	46.7	46.6	
2003	34.9	50.8	49.3	57.3	54.7	48.1	46.7	43.7	42.6	49.5	42.9	43.8	47.0	
2004	—	—	—	—	—	—	—	—	—	—	—	—	—	
2005	—	—	—	—	—	—	—	—	—	—	—	—	—	
2006	—	—	—	—	—	—	—	—	—	—	—	—	—	
2007	—	—	—	—	—	—	—	—	—	—	—	—	—	

（续）

年份	1月	2月	3月	4月	5月	6月	7月	8月	9月	10月	11月	12月	年平均	备注
2008	—	—	—	—	—	—	—	—	—	—	—	—	—	
2009	—	—	—	—	—	—	—	—	—	—	—	—	—	
2010	—	—	—	—	—	—	—	—	—	—	—	—	—	
2011	—	—	—	—	—	—	—	—	—	—	—	—	—	
2012	—	—	—	—	—	—	—	—	—	—	—	—	—	
2013	—	—	—	—	—	—	—	—	—	—	—	—	—	
2014	—	—	—	—	—	—	—	—	—	—	—	—	—	
2015	—	—	—	—	—	—	—	—	—	—	—	—	—	
2016	—	—	—	—	—	—	—	—	—	—	—	—	—	
2017	—	—	—	—	—	—	—	—	—	—	—	—	—	
2018	—	—	—	—	—	—	—	—	—	—	—	—	—	

附表 13　尖峰试验站气象站月平均地面最低温度（℃）

年份	1月	2月	3月	4月	5月	6月	7月	8月	9月	10月	11月	12月	年平均	备注
1957	0.0	0.0	0.0	0.0	0.0	0.0	0.0	0.0	0.0	0.0	0.0	0.0	0.0	
1958	0.0	0.0	0.0	0.0	0.0	0.0	0.0	0.0	0.0	0.0	0.0	0.0	0.0	
1959	0.0	0.0	0.0	0.0	0.0	0.0	0.0	0.0	0.0	0.0	0.0	0.0	0.0	查找过报表，无记录
1960	0.0	0.0	0.0	0.0	0.0	0.0	0.0	0.0	0.0	0.0	0.0	0.0	0.0	
1961	0.0	0.0	0.0	0.0	0.0	0.0	0.0	0.0	0.0	0.0	0.0	0.0	0.0	
1962	0.0	0.0	0.0	0.0	0.0	0.0	0.0	0.0	0.0	0.0	0.0	0.0	0.0	
1963	0.0	0.0	0.0	0.0	0.0	0.0	0.0	0.0	0.0	0.0	19.8	15.6	—	
1964	18.2	17.1	19.4	22.2	23.1	24.3	23.8	24.4	22.6	21.7	16.8	9.6	20.3	
1965	13.3	17.1	18.0	22.7	22.6	22.9	24.6	23.9	22.6	21.3	20.2	17.9	20.6	
1966	17.4	18.6	20.8	22.4	23.9	25.4	24.8	23.9	20.7	21.5	18.8	18.6	21.4	
1967	15.3	15.7	17.3	21.4	24.7	24.2	25.0	24.1	23.3	20.0	18.5	15.4	20.4	
1968	13.6	12.1	18.7	20.5	24.1	25.4	25.6	24.7	28.3	18.8	17.1	21.9	
1969	17.9	16.5	19.7	20.9	24.9	25.3	24.5	23.7	22.7	21.3	16.3	14.7	20.7	
1970	15.2	16.0	19.4	21.5	23.5	24.7	25.1	47.4	23.4	22.1	18.9	18.1	22.9	
1971	13.7	14.9	17.1	20.7	28.5	27.7	24.1	24.0	23.3	20.2	15.9	16.6	20.6	
1972	13.2	15.5	16.2	20.6	24.0	24.5	24.3	23.8	22.6	21.7	20.6	17.2	20.3	
1973	16.0	16.6	18.3	23.0	25.1	25.3	24.4	23.7	23.0	20.4	16.8	12.7	20.4	
1974	13.3	15.5	17.7	20.3	23.2	24.1	24.7	24.1	22.7	20.7	17.8	17.2	20.1	
1975	17.8	17.3	19.8	21.5	23.7	24.3	23.9	24.4	22.8	21.3	18.1	12.9	20.7	
1976	13.3	16.2	18.5	21.7	23.7	24.0	24.0	23.3	22.2	21.6	17.3	15.7	20.1	
1977	14.9	14.9	16.0	21.3	23.3	25.3	24.3	23.9	21.9	20.1	16.0	14.7	19.7	
1978	16.2	15.9	20.6	21.3	23.4	23.6	23.4	23.8	22.6	20.4	17.5	15.0	20.3	
1979	15.3	16.1	20.7	21.6	24.0	24.2	25.0	24.5	23.0	18.3	17.7	14.7	20.4	
1980	14.7	17.4	20.0	22.8	25.0	24.2	24.7	25.1	22.6	21.4	18.7	16.7	21.1	
1981	14.0	17.5	20.2	23.4	24.1	23.5	23.4	23.9	22.6	21.9	19.3	14.5	20.7	

（续）

年份	1月	2月	3月	4月	5月	6月	7月	8月	9月	10月	11月	12月	年平均	备注
1982	13.7	16.7	18.4	20.7	23.4	24.4	24.6	24.8	23.1	21.2	19.7	13.9	20.4	
1983	15.9	19.2	20.5	22.5	24.3	25.8	25.4	24.2	23.0	22.5	15.7	15.9	21.2	
1984	14.3	17.9	20.3	23.9	24.2	24.9	24.4	23.8	23.0	20.7	18.9	16.7	21.1	
1985	16.4	19.3	19.5	28.0	23.4	25.7	23.8	25.3	23.1	20.8	21.2	24.1	20.8	
1986	13.6	17.7	18.6	23.1	24.8	26.2	25.1	23.7	21.9	20.8	17.5	16.2	20.8	
1987	14.4	14.8	19.3	21.0	24.9	25.2	25.3	27.4	22.8	22.5	14.4	14.4	20.5	
1988	16.1	12.4	19.2	22.0	25.3	25.1	25.3	24.1	23.5	21.5	16.4	14.2	20.4	
1989	17.0	15.2	18.3	22.7	24.2	24.7	24.4	24.0	23.3	21.6	18.1	14.9	20.7	
1990	17.2	19.0	19.5	23.2	23.9	28.4	25.3	24.7	23.3	22.1	19.6	15.6	21.8	
1991	16.3	17.6	20.5	22.1	24.8	25.4	24.7	24.3	23.1	20.6	17.0	15.9	19.0	
1992	14.2	18.0	20.1	22.7	24.7	25.1	23.7	24.1	23.4	20.1	17.2	17.1	20.9	
1993	14.5	15.0	20.0	22.4	24.6	26.5	25.5	24.9	23.3	20.3	19.2	15.9	21.0	
1994	15.9	18.6	20.9	22.7	25.2	25.3	17.8	24.6	18.0	20.0	17.4	18.0	18.6	
1995	15.6	17.3	20.1	22.6	24.3	25.8	25.2	24.5	22.5	21.9	19.0	15.5	21.2	
1996	14.9	16.3	20.0	22.4	24.3	24.8	25.2	24.4	23.5	21.7	20.2	16.5	21.2	
1997	14.2	18.9	19.4	19.2	24.8	24.8	25.2	25.0	23.4	22.3	19.8	18.4	21.3	
1998	18.5	20.1	21.9	23.8	25.3	27.1	26.2	25.3	24.3	21.9	20.7	17.9	22.7	
1999	17.5	18.2	23.9	23.9	25.3	25.2	25.8	24.7	23.4	22.9	20.1	14.9	22.2	
2000	16.6	17.3	13.4	23.6	24.8	25.3	24.8	24.8	23.0	22.7	19.0	18.8	21.2	
2001	18.2	18.2	21.6	23.9	25.1	24.7	25.6	23.9	23.9	22.5	17.2	17.9	21.9	
2002	11.4	17.4	20.0	22.6	24.8	27.1	26.2	23.7	23.7	21.9	20.4	19.7	21.6	
2003	13.5	18.8	21.1	24.3	25.3	25.9	25.0	24.6	23.3	21.3	20.4	18.6	20.3	
2004	—	—	—	—	—	—	—	—	—	—	—	—	—	
2005	—	—	—	—	—	—	—	—	—	—	—	—	—	
2006	—	—	—	—	—	—	—	—	—	—	—	—	—	
2007	—	—	—	—	—	—	—	—	—	—	—	—	—	
2008	—	—	—	—	—	—	—	—	—	—	—	—	—	
2009	—	—	—	—	—	—	—	—	—	—	—	—	—	
2010	—	—	—	—	—	—	—	—	—	—	—	—	—	
2011	—	—	—	—	—	—	—	—	—	—	—	—	—	
2012	—	—	—	—	—	—	—	—	—	—	—	—	—	
2013	—	—	—	—	—	—	—	—	—	—	—	—	—	
2014	—	—	—	—	—	—	—	—	—	—	—	—	—	
2015	—	—	—	—	—	—	—	—	—	—	—	—	—	
2016	—	—	—	—	—	—	—	—	—	—	—	—	—	
2017	—	—	—	—	—	—	—	—	—	—	—	—	—	
2018	—	—	—	—	—	—	—	—	—	—	—	—	—	

附表14 尖峰试验站气象站月地面最高极值温度（℃）

年份	1月	2月	3月	4月	5月	6月	7月	8月	9月	10月	11月	12月	年最高	备注
1957	0	0	0	0	0	0	0	0	0	0	0	0	0	
1958	0	0	0	0	0	0	0	0	0	0	0	0	0	
1959	0	0	0	0	0	0	0	0	0	0	0	0	0	
1960	0	0	0	0	0	0	0	0	0	0	0	0	0	
1961	0	0	0	0	0	0	0	0	0	0	0	0	0	
1962	0	0	0	0	0	0	70.3	0	0	0	0	0	0	
1963	0	0	0	0	0	0	0	0	0	0	47.0	52.3	0	
1964	55.4	56.1	58.1	68.5	34.8	63.3	66.9	59.3	64.7	60.1	55.1	54.1	68.5	
1965	55.0	59.9	59.9	62.9	64.8	54.9	62.2	61.4	48.5	55.3	49.5	54.6	64.8	
1966	52.2	54.9	54.4	60.3	55.9	62.0	63.9	59.9	56.4	57.9	53.2	52.3	63.9	
1967	50.3	52.4	59.4	61.1	63.4	60.8	62.8	55.0	60.2	51.7	52.6	51.2	63.4	
1968	51.2	42.6	57.9	54.6	67.7	63.0	64.8	61.1	52.8	55.0	56.4	57.9	67.7	
1969	56.9	51.6	55.4	60.3	66.1	68.8	61.1	60.0	59.9	58.1	52.0	52.7	68.8	
1970	55.9	57.2	57.9	61.4	64.1	65.2	62.8	65.8	60.4	55.9	52.0	47.0	65.8	
1971	51.7	58.8	60.4	63.0	66.9	57.2	57.4	60.2	67.2	54.4	51.6	45.9	67.2	
1972	53.0	54.0	59.5	58.5	59.6	64.5	55.3	54.7	52.2	44.2	52.0	43.5	64.5	
1973	51.2	52.0	56.0	59.6	65.0	64.5	67.2	63.8	52.3	53.0	53.0	52.2	67.2	
1974	54.5	58.0	59.8	56.5	62.0	62.6	65.1	67.5	48.1	59.6	53.3	52.7	67.5	
1975	53.9	53.0	56.2	63.4	65.5	64.5	62.0	62.0	54.3	49.5	53.6	48.5	65.5	
1976	54.0	58.8	59.5	64.8	67.5	65.6	64.1	60.4	62.6	59.0	47.8	55.5	67.5	
1977	54.1	57.6	60.7	60.6	67.6	68.9	67.7	67.4	51.4	49.3	53.3	55.7	68.9	
1978	52.2	47.9	54.2	59.4	58.4	64.8	59.7	60.8	57.3	57.2	52.8	54.2	64.8	
1979	52.7	58.6	59.8	62.3	61.5	60.6	67.2	65.2	62.0	62.1	55.5	58.4	67.2	
1980	55.4	58.3	60.9	67.1	68.0	66.8	68.9	68.1	48.5	53.4	53.0	50.8	68.9	
1981	52.4	56.7	61.1	65.2	62.5	61.1	61.0	64.5	61.0	55.6	53.9	54.4	65.2	
1982	54.9	56.8	64.4	63.2	63.7	63.9	65.4	65.0	61.8	55.9	55.4	51.0	65.4	
1983	52.3	53.5	53.5	64.0	68.5	71.4	70.5	62.6	65.0	55.0	60.0	52.7	71.4	
1984	51.1	54.7	60.5	64.4	66.9	60.0	69.5	60.1	62.5	52.3	57.4	55.5	69.5	
1985	52.8	53.4	61.1	59.0	61.5	65.2	68.0	64.5	55.0	56.3	53.5	55.0	68.0	
1986	57.8	53.2	62.1	66.5	64.5	67.6	68.1	70.7	66.0	58.5	54.4	52.6	70.7	
1987	56.0	59.0	66.7	65.4	68.0	69.0	63.0	70.0	61.6	58.4	55.6	52.9	70.0	
1988	55.0	58.8	61.0	63.0	65.9	69.3	66.0	69.0	65.0	44.6	49.5	51.6	69.3	
1989	52.9	58.2	60.0	62.8	66.1	66.9	64.0	63.9	60.6	49.2	50.0	53.0	66.9	
1990	55.5	59.0	59.1	63.6	64.0	59.2	62.5	65.6	56.5	59.4	53.1	57.5	65.6	
1991	59.0	61.5	63.9	70.0	71.9	68.1	66.2	62.6	54.1	52.8	60.0	54.4	71.9	
1992	51.9	55.1	62.2	67.1	72.3	66.4	62.8	64.0	59.5	57.5	58.9	58.3	72.3	
1993	53.5	59.9	75.1	70.4	71.3	73.5	72.4	59.9	63.1	59.9	55.6	51.9	75.1	
1994	56.6	59.0	62.7	72.1	73.0	58.5	52.4	64.1	51.0	57.1	60.9	55.5	73.0	

（续）

年份	1月	2月	3月	4月	5月	6月	7月	8月	9月	10月	11月	12月	年最高	备注
1995	58.5	58.4	64.1	76.1	74.0	69.9	68.2	59.6	53.0	65.0	50.0	52.5	76.1	
1996	55.7	56.5	69.9	65.3	67.9	67.8	72.5	72.5	63.3	58.2	58.3	54.6	72.5	
1997	55.0	50.6	60.0	65.0	68.5	63.6	62.8	60.6	51.5	51.0	56.0	54.2	68.5	
1998	56.5	61.3	66.6	70.5	70.2	68.3	72.2	72.5	62.4	51.5	54.7	49.7	72.5	
1999	50.6	57.7	68.2	65.0	65.5	60.9	72.3	62.0	54.4	63.0	54.2	49.5	72.3	
2000	55.9	20.3	62.8	73.2	71.5	68.4	67.8	70.5	56.0	49.2	56.6	51.4	73.2	
2001	59.1	56.8	69.1	70.8	74.1	63.5	64.5	67.0	52.3	58.2	55.0	54.0	74.1	
2002	51.0	57.5	61.4	68.4	69.5	67.4	65.0	60.2	59.4	62.4	55.7	52.8	69.5	
2003	45.3	60.8	63.6	67.0	68.2	59.1	66.1	60.5	53.6	60.6	56.0	52.6	68.2	
2004	29.4	33.3	34.4	37.8	39.4	32.2	35.6	33.9	33.3	34.4	31.7	29.4	39.4	
2005	—	—	—	—	—	—	—	—	—	—	—	—	—	
2006	—	—	—	—	—	—	—	—	—	—	—	—	—	
2007	—	—	—	—	—	—	—	—	—	—	—	—	—	
2008	—	—	—	—	—	—	—	—	—	—	—	—	—	
2009	—	—	—	—	—	—	—	—	—	—	—	—	—	
2010	—	—	—	—	—	—	—	—	—	—	—	—	—	
2011	—	—	—	—	—	—	—	—	—	—	—	—	—	
2012	—	—	—	—	—	—	—	—	—	—	—	—	—	
2013	—	—	—	—	—	—	—	—	—	—	—	—	—	
2014	—	—	—	—	—	—	—	—	—	—	—	—	—	
2015	—	—	—	—	—	—	—	—	—	—	—	—	—	
2016	—	—	—	—	—	—	—	—	—	—	—	—	—	
2017	—	—	—	—	—	—	—	—	—	—	—	—	—	
2018	—	—	—	—	—	—	—	—	—	—	—	—	—	

附表 15　尖峰试验站气象站月地面最低极值温度（℃）

年份	1月	2月	3月	4月	5月	6月	7月	8月	9月	10月	11月	12月	年最低	备注
1957	0	0	0	0	0	0	0	0	0	0	0	0	0	
1958	0	0	0	0	0	0	0	0	0	0	0	0	0	
1959	0	0	0	0	0	0	0	0	0	0	0	0	0	
1960	0	0	0	0	0	0	0	0	0	0	0	0	0	
1961	0	0	0	0	0	0	0	0	0	0	0	0	0	
1962	0	0	0	0	0	0	0	0	0	0	0	0	0	
1963	—	0	0	0	0	0	0	0	0	0	17.8	10.0	—	
1964	15.5	14.4	15.8	19.5	21.6	21.2	21.0	22.3	19.3	19.1	10.6	8.3	8.3	
1965	9.1	13.1	14.4	18.7	20.1	19.5	22.9	22.2	19.1	17.5	15.7	10.6	9.1	
1966	12.9	14.5	17.7	21.1	22.1	23.9	22.2	21.3	16.5	18.6	15.1	12.4	12.4	
1967	5.6	12.1	12.9	18.6	19.6	19.4	22.5	22.6	22.0	16.7	15.5	9.5	5.6	

（续）

年份	1月	2月	3月	4月	5月	6月	7月	8月	9月	10月	11月	12月	年最低	备注
1968	9.6	9.6	13.6	18.6	20.0	23.0	23.0	22.9	21.5	25.7	15.0	14.4	9.6	
1969	14.7	10.1	17.4	14.1	20.0	22.9	18.8	20.1	20.8	18.3	9.8	10.3	9.8	
1970	10.9	10.6	16.6	17.9	21.2	21.8	23.0	20.0	21.3	19.6	13.7	12.1	10.6	
1971	7.6	11.6	12.8	17.5	27.6	22.7	22.6	21.7	20.0	14.7	5.5	11.4	5.5	
1972	7.7	12.1	8.1	17.1	22.6	22.6	20.6	21.9	20.3	19.1	16.6	14.1	7.7	
1973	12.6	13.0	14.6	20.8	23.1	23.0	22.3	22.0	22.1	14.1	9.0	5.3	5.3	
1974	2.6	8.1	13.8	16.4	20.1	22.0	21.8	21.7	20.0	17.5	11.5	13.7	2.6	
1975	12.6	11.4	16.0	18.6	22.2	22.6	21.1	21.6	21.1	19.1	8.7	4.6	4.6	
1976	7.8	12.4	13.9	18.2	21.3	21.8	21.9	20.7	19.9	19.7	10.3	10.3	7.8	
1977	10.9	9.9	9.3	17.0	20.7	22.1	20.8	21.7	19.4	15.6	11.6	10.9	9.3	
1978	11.7	10.8	14.9	16.7	21.1	21.9	21.5	22.5	20.3	11.2	13.9	9.9	9.9	
1979	12.4	11.5	18.3	19.1	21.1	22.5	22.9	22.2	17.4	13.8	12.7	10.4	10.4	
1980	10.5	12.9	17.2	20.3	21.9	23.1	22.6	22.8	20.0	18.7	15.7	11.0	10.5	
1981	7.9	13.8	16.7	19.9	20.7	18.3	19.5	22.0	20.7	18.3	12.7	8.2	7.9	
1982	10.4	11.4	13.9	16.2	20.8	22.7	21.7	23.3	21.7	18.1	17.1	6.2	6.2	
1983	7.8	15.3	17.3	21.2	20.1	22.7	21.9	22.6	22.1	18.0	6.5	9.6	6.5	
1984	6.0	14.6	14.5	21.0	18.8	22.5	21.5	22.4	20.5	13.9	13.4	13.7	6.0	
1985	12.7	14.4	16.6	19.9	21.0	23.5	22.4	22.9	19.5	15.0	18.1	20.6	12.7	
1986	8.3	12.6	8.5	18.5	22.5	24.1	22.7	21.6	17.9	18.3	11.7	11.5	8.3	
1987	10.3	10.6	15.9	18.0	21.0	23.5	23.1	22.3	21.0	16.0	12.5	7.6	7.6	
1988	12.1	15.1	15.0	18.7	22.7	19.3	23.6	23.6	20.2	17.5	11.7	10.5	10.5	
1989	12.7	11.1	14.5	19.5	22.0	22.6	21.7	21.9	20.6	17.2	11.1	10.5	10.5	
1990	14.0	13.0	16.3	19.7	19.9	23.6	23.0	22.4	21.5	18.5	15.0	10.5	10.5	
1991	13.2	13.0	16.2	18.9	21.9	22.3	23.0	22.7	18.0	11.0	11.1	11.0	11.0	
1992	9.6	12.5	16.5	20.0	20.5	23.5	20.7	21.1	21.4	15.0	9.5	8.5	8.5	
1993	5.4	8.4	16.5	20.0	22.0	23.8	23.0	22.0	20.6	16.9	13.4	6.5	5.4	
1994	11.6	14.1	15.1	19.5	23.4	23.6	22.0	21.7	12.0	16.4	14.0	14.0	11.6	
1995	9.5	12.6	16.6	20.0	23.0	24.1	23.9	22.9	18.2	18.5	13.5	8.0	8.0	
1996	7.6	12.0	13.0	17.5	20.6	22.5	23.4	21.7	22.0	18.3	15.7	10.1	7.6	
1997	10.5	14.6	14.4	17.0	22.2	23.1	23.6	22.7	21.5	19.0	16.0	15.5	10.5	
1998	14.7	17.0	19.5	20.3	20.1	24.1	25.0	23.0	21.2	17.5	14.9	14.0	14.0	
1999	13.0	12.5	17.6	19.5	20.5	23.6	23.0	22.7	21.0	20.0	15.0	13.9	3.9	
2000	12.0	12.9	16.5	20.2	22.6	23.6	23.0	23.0	18.1	18.4	10.6	14.0	10.6	
2001	14.2	14.0	17.0	19.8	22.1	23.5	23.9	21.6	20.5	20.5	10.0	9.0	9.0	
2002	11.6	15.5	16.6	19.6	22.3	24.1	23.5	22.0	21.6	13.5	14.5	16.0	11.6	
2003	7.9	14.3	17.1	21.6	23.1	22.5	23.6	23.0	22.1	17.5	17.7	12.1	7.9	
2004	19.4	17.2	21.7	23.3	26.7	25.6	25.6	25.6	25.0	24.4	21.7	19.4	17.2	
2005	—	—	—	—	—	—	—	—	—	—	—	—	—	
2006	—	—	—	—	—	—	—	—	—	—	—	—	—	

（续）

年份	1月	2月	3月	4月	5月	6月	7月	8月	9月	10月	11月	12月	年最低	备注
2007	—	—	—	—	—	—	—	—	—	—	—	—	—	
2008	—	—	—	—	—	—	—	—	—	—	—	—	—	
2009	—	—	—	—	—	—	—	—	—	—	—	—	—	
2010	—	—	—	—	—	—	—	—	—	—	—	—	—	
2011	—	—	—	—	—	—	—	—	—	—	—	—	—	
2012	—	—	—	—	—	—	—	—	—	—	—	—	—	
2013	—	—	—	—	—	—	—	—	—	—	—	—	—	
2014	—	—	—	—	—	—	—	—	—	—	—	—	—	
2015	—	—	—	—	—	—	—	—	—	—	—	—	—	
2016	—	—	—	—	—	—	—	—	—	—	—	—	—	
2017	—	—	—	—	—	—	—	—	—	—	—	—	—	
2018	—	—	—	—	—	—	—	—	—	—	—	—	—	

附表 16 尖峰试验站气象站月日照时数（h）

年份	1月	2月	3月	4月	5月	6月	7月	8月	9月	10月	11月	12月	全年	备注
1957	188.3	103.6	150.6	233.8	155.9	191.5	241.1	107.4	211.8	192.8	140.0	183.6	2 100.4	
1958	164.3	111.4	238.5	238.3	302.6	157.6	194.4	242.1	186.5	150.9	137.9	219.7	2 344.2	
1959	183.6	143.5	128.2	145.6	274.7	297.2	235.0	174.0	183.0	183.8	233.4	182.0	2 364.0	
1960	182.4	183.7	264.6	182.0	300.2	187.9	231.7	79.0	140.5	122.7	160.8	189.6	2 225.1	
1961	164.8	94.7	131.8	171.7	192.5	131.3	209.5	163.5	126.9	148.7	164.8	161.4	1 861.6	
1962	110.9	129.4	139.4	141.2	228.0	165.1	193.9	162.6	124.9	194.2	125.9	197.9	1 913.4	
1963	235.3	141.6	126.1	176.2	294.4	164.4	128.0	152.3	121.0	179.3	156.1	189.7	2 064.4	
1964	122.9	134.8	144.2	216.5	200.6	178.1	246.6	128.5	186.0	197.4	190.4	196.2	2 142.2	
1965	226.9	161.6	167.7	217.1	232.7	125.9	221.2	224.3	187.0	204.0	142.0	182.9	2 293.3	
1966	192.4	135.7	200.7	227.1	160.2	230.1	195.8	180.2	238.1	149.4	215.4	132.3	2 257.4	
1967	112.2	147.6	224.4	184.1	282.9	229.8	186.6	161.9	129.4	192.1	203.8	136.4	2 191.2	
1968	153.8	56.2	163.8	156.8	262.8	232.5	266.9	157.2	133.4	244.1	200.3	226.5	2 254.3	
1969	158.7	120.2	130.1	221.3	228.6	177.9	180.5	217.8	206.6	206.9	233.3	174.6	2 256.5	
1970	169.0	185.6	150.1	179.2	242.6	202.8	216.2	156.1	143.6	139.1	147.9	98.3	2 030.5	
1971	86.7	115.3	159.3	162.7	196.5	164.7	187.3	157.6	187.4	133.6	154.9	129.4	1 835.4	
1972	202.2	112.2	172.0	182.6	214.8	170.3	138.3	93.1	175.9	176.5	115.5	131.1	1 884.5	
1973	176.2	185.7	183.7	224.0	245.7	149.7	200.4	117.9	117.4	144.3	139.0	190.8	2 074.8	
1974	194.3	114.8	123.2	167.4	235.6	195.0	256.2	156.9	210.3	183.9	1 478.6	129.3	3 445.5	
1975	115.0	170.8	163.8	271.8	300.5	203.2	236.3	163.5	207.9	176.6	178.0	141.2	2 328.6	
1976	198.0	183.2	163.2	209.6	249.9	195.4	179.1	170.0	179.5	149.5	158.0	143.2	2 178.6	
1977	128.1	129.1	193.5	208.2	288.0	274.2	179.4	170.1	160.9	173.2	181.5	148.3	2 234.4	
1978	145.5	95.9	152.2	198.3	177.5	170.9	223.9	136.6	110.4	161.7	171.9	193.2	1 938.0	
1979	171.1	139.8	125.7	164.0	194.5	173.4	273.7	145.6	167.7	224.8	186.5	232.9	2 199.7	

（续）

年份	1月	2月	3月	4月	5月	6月	7月	8月	9月	10月	11月	12月	全年	备注
1980	180.0	107.4	211.5	206.8	246.8	183.8	204.7	228.7	130.4	173.5	184.3	152.3	2 210.2	
1981	181.0	127.8	212.2	224.1	217.3	177.0	171.8	149.5	173.8	160.2	153.1	161.5	2 109.3	
1982	204.0	130.2	195.9	23.0	210.0	160.2	155.2	167.0	122.1	178.7	156.2	212.1	1 914.6	
1983	119.2	58.4	91.3	99.1	233.6	223.3	231.9	83.5	151.0	103.8	180.5	119.0	1 694.6	
1984	107.7	62.1	128.0	183.6	199.7	159.2	220.7	104.0	154.0	169.9	134.1	131.4	1 754.4	
1985	112.2	78.8	127.3	90.5	216.1	110.4	210.6	86.8	106.8	141.4	119.8	154.9	1 555.5	
1986	192.1	79.6	171.6	228.7	199.5	212.1	212.4	191.5	225.5	179.4	195.9	141.2	2 229.4	
1987	171.3	145.0	225.4	204.6	286.7	202.2	175.5	241.1	206.8	220.8	156.4	187.9	2 423.7	
1988	150.1	150.3	163.5	135.2	252.2	218.9	241.7	206.8	218.6	106.3	178.2	166.1	2 187.9	
1989	137.0	166.7	126.7	212.3	266.3	244.6	219.7	147.1	171.6	123.1	159.2	182.5	2 156.8	
1990	116.0	122.9	132.8	190.3	185.7	160.6	202.7	194.1	150.6	133.0	155.4	198.6	1 942.7	
1991	165.1	141.5	212.2	211.8	263.2	147.7	193.5	171.4	180.1	174.0	177.4	168.6	2 206.5	
1992	125.1	98.6	184.5	187.3	209.4	165.4	185.0	200.7	161.7	169.9	191.9	147.9	2 027.4	
1993	177.3	170.5	175.9	203.5	245.3	240.2	256.9	160.4	154.1	195.5	154.6	157.9	2 292.1	
1994	171.0	146.0	97.7	267.6	223.6	101.0	68.9	130.7	106.1	198.4	213.2	153.2	1 877.4	
1995	139.1	104.0	153.9	223.0	195.1	180.6	180.8	152.3	128.3	122.0	101.1	132.1	1 812.3	
1996	173.4	98.8	199.3	93.6	174.5	197.3	216.0	168.0	64.5	147.8	131.0	122.6	1 786.8	
1997	167.3	36.9	115.2	153.4	197.9	93.4	119.8	103.1	115.5	173.3	178.7	155.8	1 610.3	
1998	170.0	108.2	188.3	187.8	205.5	196.7	194.0	192.4	98.3	171.6	156.1	139.4	2008.3	
1999	103.8	179.1	174.1	146.7	151.7	169.7	184.2	129.8	157.6	125.4	119.7	101.5	1 743.3	
2000	162.7	98.7	83.2	143.1	152.4	96.7	91.4	72.3	101.9	105.4	136.5	116.5	1 360.8	
2001	145.2	117.8	120.7	187.4	118.2	97.5	130.4	107.3	84.4	29.0	158.2	107.2	1 403.3	
2002	113.9	52.8	21.1	178.5	184.9	152.6	160.3	135.1	112.3	140.9	149.9	131.8	1 534.1	
2003	123.0	148.8	198.8	207.6	222.7	182.5	136.6	148.8	168.8	178.0	179.9	94.7	1 990.2	
2004	—	—	—	—	—	—	—	—	—	—	—	—	—	
2005	—	—	—	—	—	—	—	—	—	—	—	—	—	
2006	—	—	—	—	—	—	—	—	—	—	—	—	—	
2007	—	—	—	—	—	—	—	—	—	—	—	—	—	
2008	—	—	—	—	—	—	—	—	—	—	—	—	—	
2009	—	—	—	—	—	—	—	—	—	—	—	—	—	数据
2010	—	—	—	—	—	—	—	—	—	—	—	—	—	缺失
2011	—	—	—	—	—	—	—	—	—	—	—	—	—	
2012	—	—	—	—	—	—	—	—	—	—	—	—	—	
2013	—	—	—	—	—	—	—	—	—	—	—	—	—	
2014	—	—	—	—	—	—	—	—	—	—	—	—	—	
2015	130.4	152.2	228.6	216.8	269.4	224.8	126.4	176.6	193.7	186.0	207.9	182.5	2 295.3	
2016	84.7	142.1	188.6	219.6	221.4	175.0	167.3	137.8	158.4	161.3	197.4	172.1	2 025.7	
2017	147.7	152.0	179.1	186.3	177.3	147.6	116.0	131.9	154.4	186.8	134.4	139.9	1 853.4	
2018	127.8	108.5	183.7	141.5	183.3	101.9	66.3	81.1	—	—	—	—	—	

附表 17　天池气象站月平均温度（℃）

年份	1月	2月	3月	4月	5月	6月	7月	8月	9月	10月	11月	12月	年平均	备注
1964	16.2	15.7	18.0	21.5	21.9	22.7	22.4	22.1	21.7	20.4	16.0	13.4	19.3	
1965	12.8	17.0	17.7	21.4	22.2	21.9	22.7	22.2	21.1	20.1	18.4	16.7	19.5	
1966	16.1	17.2	19.9	21.7	21.7	22.9	22.6	21.9	20.0	20.2	17.9	17.5	20.0	
1980	14.2	16.0	19.4	21.3	22.7	23.1	23.1	22.5	21.0	20.4	17.0	14.9	19.6	
1981	13.2	16.2	19.6	21.6	22.5	22.3	22.5	22.4	21.6	20.6	18.2	13.2	19.5	
1982	13.3	16.5	18.6	19.3	22.5	22.9	22.8	22.3	21.5	20.4	18.6	12.8	19.3	
1983	14.3	17.6	18.6	21.5	23.3	23.7	23.7	22.3	21.9	20.9	15.5	14.0	19.8	
1984	13.0	15.7	18.4	21.7	21.9	22.9	22.9	21.7	21.2	19.9	17.4	15.1	19.3	
1985	14.9	18.2	18.1	20.0	22.5	22.8	21.9	22.3	21.2	16.6	18.5	14.3	19.3	
1986	12.6	15.7	17.3	20.9	22.0	23.4	22.6	21.8	21.2	19.8	16.3	15.2	19.1	
1987	14.1	15.2	19.7	21.0	23.7	23.8	22.9	23.0	21.6	20.5	19.4	13.4	19.9	
1988	15.4	17.4	19.0	20.7	23.7	22.9	23.2	20.7	21.9	19.7	15.6	13.6	19.5	
1989	16.1	15.0	16.8	21.5	21.4	22.6	22.5	22.1	21.6	20.2	16.8	14.1	19.2	
1990	15.8	16.9	18.1	21.7	21.9	22.9	22.9	23.1	21.9	20.5	18.0	14.9	19.9	
1991	15.7	12.8	19.6	21.3	23.1	23.1	23.0	22.3	21.6	20.1	16.9	15.3	19.6	
1992	13.6	16.8	19.6	21.2	22.9	23.2	22.5	22.4	21.7	18.8	16.0	16.0	19.6	
1993	13.6	14.9	18.9	21.2	23.2	24.3	23.8	22.6	21.4	19.3	18.1	14.6	19.7	
1994	15.0	18.2	18.3	22.1	23.3	22.8	22.4	22.4	21.5	19.2	17.2	17.0	20.0	
1995	14.9	15.9	18.6	21.7	21.9	24.0	23.0	22.6	21.8	20.4	17.5	14.5	19.7	
1996	14.6	14.4	19.7	20.1	22.7	23.3	22.8	22.7	21.6	20.8	18.0	15.3	19.7	
1997	14.3	16.9	18.7	19.8	23.1	23.1	22.8	22.8	21.6	20.6	18.3	16.8	19.9	
1998	17.6	18.2	20.7	22.2	23.2	24.6	23.9	23.3	21.8	20.5	18.9	15.9	20.9	
1999	15.8	17.0	21.2	22.2	22.7	23.2	23.5	22.5	21.7	21.0	18.5	13.7	20.3	
2000	15.6	16.2	18.8	22.0	22.1	23.0	22.7	22.7	21.2	21.0	17.5	16.8	20.0	
2001	16.8	16.6	19.5	22.5	22.5	23.3	23.1	22.6	21.7	21.4	16.3	16.0	20.2	
2002	14.6	16.4	18.7	21.7	22.6	23.7	23.1	22.5	21.3	20.3	18.6	17.5	20.1	
2003	14.4	17.2	19.1	22.4	23.5	23.6	23.1	22.7	21.9	20.1	18.1	14.3	20.0	
2004	15.3	15.6	18.7	21.0	22.9	23.0	23.2	22.7	21.2	18.9	18.0	15.0	19.6	
2005	14.7	18.1	17.6	21.3	24.7	24.0	22.9	22.5	22.1	20.6	19.1	15.8	20.3	
2006	—	—	—	—	—	—	—	—	—	—	—	—	—	缺
2007	15.4	17.1	20.1	21.3	22.5	24.0	23.5	22.7	22.1	20.6	17.3	17.2	20.3	
2008	15.6	15.6	17.9	21.7	22.3	23.1	23.3	22.5	22.1	21.6	18.4	15.5	20.0	
2009	13.4	18.7	19.9	21.7	21.9	23.6	23.0	22.6	22.4	20.8	17.8	16.2	20.2	
2010	17.0	18.8	19.4	22.5	23.8	24.8	24.2	22.8	22.4	20.2	17.9	16.0	20.8	
2011	14.2	16.4	17.4	19.8	23.1	23.4	23.1	22.7	21.9	20.4	18.6	15.4	19.7	
2012	16.6	17.7	19.9	22.5	23.7	23.2	23.2	22.5	22.0	20.6	20.1	17.9	20.8	
2013	15.7	18.0	19.8	23.8	22.0	23.8	23.5	22.7	22.6	22.0	19.3	14.3	20.6	
2014	—	—	—	—	—	—	—	—	—	—	—	16.8	—	

（续）

年份	1月	2月	3月	4月	5月	6月	7月	8月	9月	10月	11月	12月	年平均	备注
2015	14.0	16.8	20.2	21.4	25.3	24.9	23.0	23.5	23.2	21.1	20.6	15.9	20.8	
2016	15.8	17.0	18.4	21.9	23.4	24.8	25.2	24.7	24.3	23.0	21.9	19.7	21.7	
2017	—	—	—	21.3	22.7	24.3	—	—	23.0	20.4	17.8	15.6	—	
2018	16.5	15.1	18.0	20.7	23.8	23.1	22.9	—	—	—	—	—	—	

附表18　天池气象站月平均最高温度（℃）

年份	1月	2月	3月	4月	5月	6月	7月	8月	9月	10月	11月	12月	年平均	备注
1964	23.6	22.3	25.0	28.2	27.1	26.2	27.1	25.8	25.7	25.2	22.2	20.3	24.9	
1965	21.6	20.8	26.3	27.4	28.2	27.3	26.6	27.4	25.8	25.6	23.6	20.7	25.1	
1966	22.7	23.5	25.6	27.2	26.2	26.6	27.1	26.4	26.6	25.8	25.0	23.2	25.5	
1980	21.6	20.8	26.3	27.4	28.2	27.3	26.6	27.4	25.8	25.6	23.6	20.7	25.1	
1981	20.7	22.8	26.2	27.8	26.8	26.4	26.3	25.7	26.1	25.0	23.2	19.8	24.7	
1982	21.0	22.0	25.7	24.1	27.3	27.2	26.2	26.2	26.3	26.3	22.9	20.5	24.6	
1983	19.9	21.5	23.0	21.5	28.3	23.1	28.5	26.7	26.6	24.5	22.3	19.7	23.8	
1984	18.3	20.1	23.6	27.3	26.3	26.0	26.4	25.3	25.9	24.8	23.1	20.2	23.9	
1985	19.6	21.6	22.4	24.2	27.0	25.7	26.5	22.0	25.4	20.9	23.7	20.7	23.3	
1986	19.9	20.5	23.7	25.7	26.2	27.0	26.6	27.0	26.8	24.9	22.6	21.2	24.3	
1987	21.1	22.3	26.5	26.6	28.8	27.7	26.4	27.3	26.9	25.6	24.1	19.9	25.3	
1988	21.4	22.7	23.8	25.0	28.1	27.9	27.7	26.4	27.0	25.2	22.9	20.0	24.8	
1989	20.8	21.0	21.6	27.2	27.5	27.2	26.7	27.3	26.9	24.4	23.5	21.3	24.6	
1990	14.9	22.4	23.4	27.0	26.4	26.4	26.8	27.6	26.6	25.0	23.5	22.0	24.3	
1991	22.3	22.5	26.3	27.6	28.1	26.8	26.6	26.5	27.4	25.7	23.6	21.9	25.4	
1992	19.6	21.2	25.0	27.6	28.1	27.2	26.4	27.6	26.8	24.4	22.7	22.1	24.9	
1993	19.6	22.7	24.8	27.2	28.4	28.6	28.4	25.9	26.3	25.5	23.8	20.9	25.2	
1994	20.5	24.0	23.1	28.6	28.7	25.7	25.0	25.5	25.6	24.8	24.2	22.4	24.8	
1995	21.1	20.8	24.0	27.6	26.2	27.3	27.3	26.8	26.6	24.8	22.3	20.7	24.6	
1996	21.4	20.5	25.3	24.9	27.6	27.6	24.5	27.0	25.4	25.7	24.1	21.1	24.6	
1997	20.5	21.0	24.5	24.9	26.9	25.9	25.9	25.9	25.6	26.2	24.3	22.7	24.5	
1998	22.8	22.9	26.7	28.2	28.3	28.0	27.7	27.9	26.6	26.2	24.5	22.2	26.0	
1999	21.1	23.2	26.3	27.0	27.5	27.1	27.6	26.6	27.1	26.1	23.6	19.4	25.2	
2000	22.1	15.0	24.0	27.1	26.7	27.0	26.7	27.1	26.0	25.1	23.7	22.7	24.4	
2001	22.9	22.6	24.6	28.1	26.5	27.3	26.3	27.0	26.1	27.0	23.0	21.3	25.2	
2002	20.6	21.9	24.7	21.7	27.0	27.5	26.0	26.9	25.2	25.8	24.4	22.1	24.5	
2003	20.0	23.3	24.1	27.6	27.7	26.7	27.6	26.4	26.4	26.0	24.2	20.6	25.1	
2004	20.8	14.3	23.8	26.0	27.4	27.3	26.7	26.7	25.9	25.8	24.5	22.1	24.3	
2005	20.8	17.3	23.0	26.0	30.2	27.7	27.1	25.9	26.7	26.2	24.4	21.0	24.7	
2006	—	—	—	—	—	—	—	—	—	—	—	—	—	缺
2007	21.3	20.2	24.6	26.3	27.6	27.2	26.8	26.7	26.2	26.0	24.1	21.6	24.9	

（续）

年份	1月	2月	3月	4月	5月	6月	7月	8月	9月	10月	11月	12月	年平均	备注
2008	21.0	23.1	25.1	27.4	28.6	28.0	27.3	27.6	27.4	25.7	24.7	22.3	25.7	
2009	19.1	24.6	25.1	25.1	26.5	26.9	26.3	26.9	26.4	25.2	22.7	21.6	24.7	
2010	21.9	24.1	25.2	27.6	28.9	29.5	29.6	27.8	28.4	24.7	24.3	22.9	26.2	
2011	20.2	22.1	22.5	25.5	28.5	27.9	27.0	27.9	26.3	25.2	24.3	21.3	24.9	
2012	20.8	22.8	25.1	28.1	29.5	26.7	27.8	27.0	27.5	26.4	25.7	23.6	25.9	
2013	21.6	24.2	25.9	27.3	29.4	28.0	26.7	26.6	26.9	26.4	23.3	18.7	25.4	
2014	—	—	—	—	—	—	—	—	—	—	—	21.2	—	
2015	21.4	22.9	26.7	28.0	30.3	30.0	26.4	29.1	28.6	27.1	27.3	24.4	26.9	
2016	21.8	21.0	24.9	26.1	27.9	28.6	28.4	27.0	26.9	25.8	24.6	22.3	25.4	
2017	—	—	—	25.9	27.4	27.3	—	—	27.5	25.0	24.0	20.2	—	
2018	20.0	19.5	23.4	24.7	29.2	25.7	24.9	—						

附表 19　天池气象站月平均最低温度（℃）

年份	1月	2月	3月	4月	5月	6月	7月	8月	9月	10月	11月	12月	年平均	备注
1964	13.4	12.1	14.7	16.9	18.6	20.5	20.3	19.2	17.7	16.8	13.1	11.2	15.8	
1965	7.6	12.8	13.3	17.6	18.4	20.0	19.8	18.9	17.7	16.0	15.5	12.8	15.9	
1966	12.0	12.5	15.9	16.8	18.6	19.9	19.8	18.9	15.0	16.5	13.3	14.2	16.1	
1980	9.1	12.1	14.7	16.9	18.6	20.5	20.3	19.2	17.7	16.8	13.1	11.2	15.8	
1981	8.5	11.4	14.2	17.4	19.1	19.0	19.7	19.3	17.9	16.8	14.2	8.1	15.5	
1982	8.0	13.0	13.5	16.2	18.9	19.8	20.0	19.6	18.5	16.5	14.7	8.6	15.6	
1983	10.7	14.5	15.6	17.5	19.2	20.7	19.9	19.0	18.5	18.2	10.4	9.3	16.1	
1984	8.5	12.4	13.6	17.2	18.1	20.2	19.2	18.9	17.6	15.9	13.4	11.3	15.5	
1985	11.0	14.9	15.0	16.7	18.3	20.6	19.0	20.0	18.1	14.1	14.8	9.9	16.0	
1986	7.7	12.0	13.1	16.5	19.3	20.6	19.8	18.3	17.5	16.2	12.1	11.0	15.3	
1987	9.3	9.7	15.0	16.6	20.1	21.5	20.6	19.6	18.2	16.8	16.1	8.9	16.0	
1988	11.3	13.7	15.2	17.6	20.5	19.4	19.5	20.5	18.5	17.3	11.6	9.5	16.2	
1989	13.6	10.4	13.2	17.6	18.9	19.7	19.0	18.5	18.0	16.4	12.2	9.5	15.6	
1990	12.4	13.9	14.8	18.2	18.3	20.1	20.3	19.8	18.7	17.4	14.6	10.4	16.6	
1991	11.2	12.3	14.9	16.5	19.2	20.8	20.6	19.6	18.5	16.6	12.1	10.8	16.1	
1992	9.9	13.8	16.0	17.8	19.7	20.5	19.3	18.6	18.5	15.0	11.4	11.8	16.0	
1993	10.1	9.8	15.0	17.2	19.5	20.5	20.4	20.6	18.8	15.4	14.5	10.9	16.1	
1994	11.0	14.6	15.5	17.7	19.8	20.7	20.6	20.1	18.9	15.0	12.3	13.7	16.7	
1995	12.1	13.2	14.9	16.9	19.1	21.6	20.4	20.2	18.2	17.7	14.4	10.2	16.6	
1996	9.9	11.1	15.7	17.6	19.6	20.4	18.2	22.2	18.7	17.0	17.0	12.0	16.6	
1997	10.9	14.7	15.1	16.2	20.9	21.0	21.5	20.7	19.0	17.3	14.8	13.6	17.1	
1998	14.1	15.8	17.2	19.0	19.7	22.5	20.5	18.4	17.1	21.3	13.5	10.4	17.4	
1999	11.7	11.1	16.3	17.7	18.7	19.6	19.6	19.2	17.6	16.8	14.6	9.6	16.0	
2000	11.3	7.6	14.2	17.9	18.4	19.9	19.1	19.0	17.1	17.5	12.9	13.0	15.6	

（续）

年份	1月	2月	3月	4月	5月	6月	7月	8月	9月	10月	11月	12月	年平均	备注
2001	12.6	12.3	15.7	17.8	18.8	19.3	19.8	18.7	18.1	16.9	11.9	12.7	16.2	
2002	11.0	12.8	14.8	17.1	19.8	21.0	21.3	19.8	19.2	17.0	15.2	15.0	17.0	
2003	10.5	13.6	16.1	18.9	20.0	20.8	19.4	19.8	18.8	15.3	13.7	11.0	16.5	
2004	11.5	6.8	16.1	18.0	19.8	20.4	20.7	19.9	17.6	14.0	13.3	10.1	15.7	
2005	13.2	12.2	13.2	16.5	19.9	20.4	19.3	20.5	19.5	17.3	16.2	14.6	16.9	
2006	—	—	—	—	—	—	—	—	—	—	—	—	—	缺
2007	11.9	12.8	15.4	17.7	19.6	20.5	20.1	19.6	18.2	17.0	14.0	12.2	16.5	
2008	11.4	13.8	15.5	17.8	19.9	21.1	20.4	19.8	19.3	17.2	14.8	12.7	17.0	
2009	9.0	13.9	16.2	18.9	18.6	20.8	20.2	20.2	19.4	17.7	14.1	13.0	16.8	
2010	13.7	15.1	15.1	18.3	20.1	21.5	20.5	20.0	18.8	17.5	14.1	11.4	17.2	
2011	10.5	12.5	14.0	16.1	19.4	20.2	20.2	19.5	19.2	17.5	14.7	11.7	16.3	
2012	13.7	14.3	16.6	18.4	20.2	21.1	20.3	19.8	19.1	16.6	16.6	14.4	17.6	
2013	12.0	13.9	15.5	18.7	19.8	20.2	20.1	20.0	19.1	16.5	16.2	9.8	16.8	
2014	—	—	—	—	—	—	—	—	—	—	—	13.5	—	
2015	9.2	12.9	15.9	15.8	21.6	21.3	20.9	19.5	19.9	17.2	16.4	14.2	17.1	
2016	11.8	13.9	15.5	18.1	19.6	20.7	21.5	21.9	20.8	17.6	16.4	9.7	17.3	
2017	—	—	—	17.1	19.5	22.4	—	—	19.8	17.3	13.0	11.3	—	
2018	14.1	11.6	14.2	16.2	19.4	17.2	20.3							

附表 20　天池气象站月最高极值温度（℃）

年份	1月	2月	3月	4月	5月	6月	7月	8月	9月	10月	11月	12月	年最高	备注
1964	29.5	27.2	28.6	32.4	29.9	30.0	28.9	28.7	27.9	29.1	25.6	23.8	32.4	
1965	25.4	28.2	29.8	30.4	29.9	27.6	29.8	28.5	28.9	27.6	27.2	27.7	30.4	
1966	27.0	28.0	28.7	29.4	30.0	28.5	34.6	29.4	29.0	28.3	28.3	27.4	34.6	
1980	25.8	26.0	30.1	31.0	31.4	29.7	31.0	29.5	27.0	27.5	26.5	24.8	31.4	
1981	22.3	28.5	30.2	31.1	29.4	29.2	28.7	31.0	28.3	27.4	27.9	24.5	31.1	
1982	27.6	27.5	30.4	28.8	29.2	28.8	28.8	28.7	28.7	29.2	27.3	27.8	30.4	
1983	27.0	26.1	30.3	30.8	31.3	30.1	30.9	31.7	28.3	27.7	25.5	23.7	31.7	
1984	22.7	26.7	30.3	30.1	29.2	29.2	28.8	28.2	28.2	27.5	26.7	23.4	30.3	
1985	22.3	27.6	28.3	29.7	29.6	28.8	28.2	27.9	27.5	27.4	27.2	23.7	29.7	
1986	22.6	25.5	30.0	29.5	28.7	29.0	29.2	29.7	28.5	27.2	26.1	24.4	30.0	
1987	24.4	27.7	30.7	30.8	31.3	30.9	28.3	29.7	29.3	27.8	27.0	22.8	31.3	
1988	25.2	27.7	31.0	30.8	29.7	30.6	30.2	28.6	29.7	27.1	27.0	22.0	31.0	
1989	25.9	27.6	27.0	29.8	29.4	29.6	29.4	29.8	29.0	27.9	26.6	23.2	29.8	
1990	32.0	27.3	29.2	31.0	30.2	29.5	29.5	29.7	29.9	27.9	26.8	24.5	32.0	
1991	26.4	27.2	29.1	32.1	31.0	31.9	29.7	29.5	28.9	28.0	25.5	24.2	32.1	
1992	24.6	27.1	29.5	31.8	32.7	32.0	29.4	29.3	30.3	27.0	26.5	23.7	32.7	
1993	25.5	28.4	30.0	31.7	31.3	30.9	30.5	29.7	28.5	27.5	26.3	24.7	31.7	

（续）

年份	1月	2月	3月	4月	5月	6月	7月	8月	9月	10月	11月	12月	年最高	备注
1994	25.0	28.6	30.8	31.6	38.0	27.9	37.3	27.8	28.2	28.5	25.7	25.3	38.0	
1995	24.2	26.7	30.1	30.8	30.7	29.5	30.2	29.5	22.8	27.7	26.3	23.4	30.8	
1996	25.2	29.1	30.5	30.8	30.7	30.8	30.3	29.5	30.6	28.3	26.7	24.6	30.8	
1997	23.9	27.5	28.5	28.4	30.0	28.2	28.9	29.6	28.7	28.5	27.0	26.1	30.0	
1998	25.8	29.1	31.9	32.5	30.9	32.0	31.0	31.1	28.6	28.9	27.8	29.0	32.5	
1999	26.4	29.4	30.6	30.7	29.5	23.1	29.7	29.6	29.3	29.2	27.0	24.4	30.7	
2000	27.1	27.1	30.0	30.4	30.1	29.4	29.4	29.5	28.1	28.5	27.4	25.8	30.4	
2001	28.6	26.8	29.6	31.8	30.5	29.1	29.9	29.5	29.9	28.9	27.1	24.9	31.8	
2002	25.0	25.9	29.8	23.5	29.7	29.8	29.3	30.4	28.9	28.5	27.6	27.2	30.4	
2003	25.1	27.0	28.2	29.9	30.9	29.0	30.0	29.8	28.0	29.1	26.5	23.9	30.9	
2004	25.1	27.1	28.6	29.9	29.6	29.4	29.0	29.0	28.4	28.6	27.8	24.4	29.9	
2005	26.9	28.8	29.6	31.1	33.4	29.9	30.2	29.8	30.1	28.5	27.4	24.8	33.4	
2006	—	—	—	—	—	—	—	—	—	—	—	—	缺	
2007	23.9	28.3	30.5	31.9	28.7	29.9	30.2	29.5	29.1	27.7	26.8	26.3	31.9	
2008	26.6	23.7	29.4	30.1	30.0	28.8	28.7	29.2	29.0	31.1	30.6	28.1	31.1	
2009	22.7	29.9	30.1	30.9	29.8	29.3	29.7	29.5	29.6	27.4	28.0	24.3	30.9	
2010	25.1	29.8	30.6	31.9	31.5	32.5	32.1	30.4	30.1	29.6	26.7	25.1	32.5	
2011	23.9	27.3	30.0	30.3	32.0	31.1	31.3	30.4	29.2	27.9	27.0	24.7	32.0	
2012	26.1	29.1	30.1	30.8	32.0	29.8	30.3	30.0	29.7	28.1	28.6	27.4	32.0	
2013	24.5	28.2	29.9	31.0	30.7	30.2	30.4	29.9	29.5	28.6	27.5	23.1	31.0	
2014	—	—	—	—	—	—	—	—	—	—	—	25.6	—	
2015	24.6	29.2	30.3	31.9	32.1	31.7	31.3	31.5	30.3	28.7	28.4	26.9	31.9	
2016	27.4	29.2	31.5	34.8	35.9	32.9	30.6	30.5	29.9	28.2	27.9	25.5	35.9	
2017	—	—	—	29.5	29.8	29.6	—	—	30.0	28.1	28.1	28.3	—	
2018	24.9	24.5	29.1	30.4	35.2	34.5	29.0	—	—	—	—	—	—	

附表 21　天池气象站月最低极值温度（℃）

年份	1月	2月	3月	4月	5月	6月	7月	8月	9月	10月	11月	12月	年最低	备注
1964	9.0	9.9	13.4	16.3	18.7	15.4	17.4	16.3	13.3	5.3	2.8	2.8	2.8	
1965	8.4	8.6	13.3	11.6	17.4	16.0	15.2	13.6	11.1	10.6	4.4	3.4	3.4	
1966	8.6	10.9	13.1	15.4	17.5	16.6	14.8	9.0	12.4	8.9	6.3	6.3	6.3	
1980	7.7	11.3	12.4	15.0	18.0	16.6	17.5	12.9	13.5	8.9	6.2	6.1	6.1	
1981	7.6	9.0	13.3	15.1	12.9	16.6	15.8	14.7	12.0	7.1	3.5	1.8	1.8	
1982	7.2	8.7	12.5	15.1	17.1	16.9	16.6	16.5	12.1	11.5	0.4	0.4	0.4	
1983	8.9	11.2	15.3	0.2	16.8	16.4	16.3	16.8	15.0	0.9	3.3	0.2	0.2	
1984	9.2	9.7	13.5	11.7	16.8	16.3	16.9	14.3	8.9	7.6	8.4	−0.2	−0.2	
1985	8.2	10.9	14.0	15.8	18.7	16.4	17.0	13.8	10.6	11.8	3.0	3.0	3.0	
1986	7.8	1.7	11.6	15.5	18.7	17.6	16.7	13.1	13.1	6.9	6.4	1.4	1.4	

（续）

年份	1月	2月	3月	4月	5月	6月	7月	8月	9月	10月	11月	12月	年最低	备注
1987	4.9	11.3	13.7	15.1	19.5	19.0	15.5	16.1	13.1	8.5	1.4	1.4	14	
1988	10.7	10.0	15.2	18.4	13.0	16.6	16.8	15.5	13.2	6.6	4.9	4.9	4.9	
1989	6.5	9.2	13.7	16.7	17.5	14.5	13.7	15.1	13.2	6.3	4.1	4.1	4.1	
1990	9.8	10.1	13.6	13.2	18.4	17.1	16.0	16.2	12.3	9.3	4.2	4.2	4.2	
1991	6.4	10.9	12.4	15.5	17.5	14.8	16.6	13.3	7.3	6.8	5.0	5.0	5.0	
1992	7.3	12.4	13.8	17.0	17.7	15.8	17.0	16.1	10.6	3.8	3.7	3.7	3.7	
1993	2.3	11.4	14.0	15.9	15.0	16.5	17.6	15.3	11.0	7.2	1.5	0.3	0.3	
1994	9.2	11.4	14.0	17.8	16.0	13.5	17.3	16.0	8.0	8.2	8.8	6.7	6.7	
1995	7.6	11.0	14.1	17.0	20.1	18.7	17.5	13.5	13.5	7.7	2.4	2.4	2.4	
1996	6.4	7.4	11.4	15.3	17.3	17.3	19.1	11.2	14.0	12.3	6.6	1.4	1.4	
1997	9.3	9.2	14.1	16.8	18.1	19.4	18.5	16.4	12.9	10.5	9.6	5.0	5.0	
1998	11.7	14.4	15.9	13.7	20.6	17.8	16.4	13.7	11.7	8.4	6.8	6.8	6.8	
1999	4.0	12.2	13.5	13.3	17.8	18.0	14.5	15.4	14.0	9.2	−2.9	−2.9	−2.9	
2000	8.2	11.5	15.6	15.6	16.4	16.6	17.2	12.2	12.1	5.6	5.4	5.4	5.4	
2001	8.5	11.2	14.5	16.0	14.5	17.5	16.6	14.7	14.2	4.2	2.3	2.3	2.3	
2002	10.9	12.0	13.9	16.2	19.0	18.9	17.8	16.6	9.1	7.5	9.8	6.2	6.2	
2003	8.9	12.8	16.2	17.6	15.4	17.0	17.9	16.8	10.4	9.1	3.4	3.4	3.4	
2004	8.3	9.8	15.8	17.7	18.0	18.3	17.5	13.6	10.7	7.2	4.9	4.9	4.9	
2005	9.6	4.0	13.6	17.2	18.5	16.4	18.2	17.4	13.4	9.3	4.7	4.0	4.0	
2006	—	—	—	—	—	—	—	—	—	—	—	—	—	缺
2007	2.6	4.6	13.3	15.4	18.7	18.6	16.6	17.8	16.5	12.6	6.0	8.6	2.6	
2008	4.0	7.2	4.7	15.3	13.7	18.3	18.3	18.2	17.9	14.6	3.6	3.3	3.3	
2009	2.1	9.6	9.3	16.6	13.3	18.7	18.4	16.5	17.6	14.4	8.9	9.6	2.1	
2010	8.1	11.2	9.7	14.0	17.3	17.5	18.2	18.2	16.1	9.6	8.4	5.7	5.7	
2011	6.2	7.9	9.4	12.1	15.8	17.1	17.9	17.6	16.9	14.2	10.5	5.2	5.2	
2012	9.3	9.8	13.4	14.4	18.8	19.2	18.6	17.3	15.9	13.4	12.7	7.9	7.9	
2013	8.9	11.4	10.1	16.8	16.3	18.2	18.0	17.6	16.8	13.1	12.0	4.1	4.1	
2014	—	—	—	—	—	—	—	—	—	—	—	5.3	—	
2015	4.4	9.8	12.5	15.7	19.2	19.6	18.5	17.4	15.4	12.6	10.8	7.2	4.4	
2016	5.8	9.1	11.9	12.4	15.4	16.7	16.1	15.3	14.9	12.7	11.3	4.6	4.6	
2017	—	—	—	11.6	17.5	21.1	—	—	18.4	12.6	12.6	10.0	—	
2018	9.2	4.8	10.4	10.0	11.3	7.6	6.0	—	—	—	—	—	—	

附表22　天池气象站月平均水汽压（hPa）

年份	1月	2月	3月	4月	5月	6月	7月	8月	9月	10月	11月	12月	年平均	备注
1964	17.4	16.0	18.3	21.1	24.1	24.1	23.9	24.7	23.6	22.2	15.9	13.8	20.4	
1965	12.9	16.7	18.0	22.3	23.1	24.4	24.5	24.0	22.9	21.6	19.7	17.6	20.6	
1966	16.6	18.0	20.3	22.3	23.7	24.4	24.7	24.6	20.8	21.9	18.7	18.4	21.2	

（续）

年份	1月	2月	3月	4月	5月	6月	7月	8月	9月	10月	11月	12月	年平均	备注
1980	14.9	16.7	18.8	20.5	23.1	24.5	24.4	24.3	22.7	21.7	17.3	15.7	20.4	
1981	13.7	16.2	19.1	21.3	23.4	23.8	23.9	24.7	23.3	22.2	19.1	13.7	20.4	
1982	13.7	16.9	17.9	20.8	23.5	24.6	24.7	25.2	23.6	21.7	19.6	13.5	20.5	
1983	16.3	18.7	19.4	20.7	22.8	23.6	24.2	24.5	23.6	22.4	15.5	14.5	20.5	
1984	13.9	16.3	18.1	21.7	22.5	24.3	23.5	24.1	23.1	21.0	18.0	15.6	20.2	
1985	15.6	19.1	18.5	21.3	23.6	24.6	23.1	25.1	23.1	17.9	19.5	15.1	20.5	
1986	13.3	16.6	17.4	20.8	23.8	25.0	24.5	24.3	22.2	21.0	16.8	15.8	20.1	
1987	14.6	15.6	18.8	21.2	23.8	25.2	25.2	24.1	23.5	22.5	21.0	13.8	20.8	
1988	16.1	17.7	18.6	22.3	24.6	24.3	24.8	22.3	23.3	21.6	15.9	14.1	20.5	
1989	16.8	15.2	17.9	22.0	22.4	23.7	24.0	25.2	23.9	21.6	18.0	14.9	20.5	
1990	16.7	17.6	19.0	22.3	23.4	25.4	25.0	25.5	24.3	21.9	19.4	15.8	21.4	
1991	16.5	17.0	19.2	20.3	23.8	25.1	25.1	25.4	24.4	21.0	17.2	16.0	20.9	
1992	14.4	17.9	19.4	22.9	24.7	25.3	24.1	25.5	24.8	19.4	16.0	16.8	20.9	
1993	13.7	14.7	18.8	21.4	23.4	24.8	24.6	24.7	23.6	19.7	18.6	15.1	20.3	
1994	15.5	18.1	18.8	22.0	24.2	24.9	25.1	24.4	23.7	20.1	17.1	17.7	21.0	
1995	15.4	16.4	18.9	20.5	22.4	25.4	24.4	24.4	22.7	22.2	18.0	14.7	20.4	
1996	14.9	14.6	18.4	21.0	23.8	24.3	24.7	24.4	23.9	22.2	19.1	15.1	20.5	
1997	14.8	17.9	19.1	20.9	24.0	24.7	24.9	25.4	23.5	22.6	18.9	17.5	21.2	
1998	17.3	19.3	19.7	22.2	24.6	25.4	24.4	25.1	24.2	21.2	19.7	16.3	21.6	
1999	16.6	16.2	20.6	17.2	18.2	24.9	25.4	24.6	23.5	22.0	19.7	13.9	20.2	
2000	16.1	16.9	19.4	22.7	24.2	24.3	24.8	24.8	22.8	23.0	17.8	17.0	21.1	
2001	17.3	17.1	20.0	23.0	24.4	24.8	25.1	25.1	24.3	23.0	16.6	17.0	21.5	
2002	15.3	17.0	19.5	21.6	24.1	25.1	25.5	24.8	23.8	21.9	19.7	18.8	21.4	
2003	14.7	17.9	20.0	22.6	25.4	25.2	25.1	25.9	25.0	21.1	18.9	13.9	21.3	
2004	15.9	16.1	19.5	21.9	24.1	25.1	24.6	25.7	23.4	18.9	18.3	15.0	20.7	
2005	15.2	16.0	18.3	22.0	25.1	25.5	24.9	25.0	24.6	21.8	20.5	16.1	21.3	
2006	—	—	—	—	—	—	—	—	—	—	—	—	缺	
2007	15.4	16.5	20.2	21.8	23.4	25.2	25.0	25.1	23.9	21.8	16.8	17.7	21.1	
2008	15.9	16.8	18.4	22.2	23.1	24.6	25.1	24.7	24.8	23.5	18.2	15.1	21.1	
2009	13.4	18.0	20.2	22.6	22.5	24.7	24.4	24.7	24.1	21.8	17.7	16.4	20.9	
2010	17.2	18.4	18.1	22.9	25.0	25.9	26.0	27.5	25.9	23.4	20.5	18.2	22.4	
2011	15.8	16.1	17.1	20.0	22.5	25.6	24.3	23.9	23.4	21.3	18.9	15.2	20.3	
2012	16.3	17.8	19.8	22.1	24.1	24.7	24.5	24.0	23.3	20.7	20.6	18.0	21.3	
2013	15.7	17.8	19.4	24.5	21.2	25.9	28.5	27.6	27.4	26.4	18.9	16.4	22.5	
2014	—	—	—	—	—	—	—	—	—	—	—	18.4	—	
2015	14.1	16.0	18.8	19.4	23.2	23.9	23.5	23.8	24.2	21.3	20.7	15.4	20.4	
2016	17.2	15.1	16.2	19.4	29.3	24.8	23.7	23.9	23.3	21.4	21.4	20.0	21.3	
2017	—	—	—	17.1	19.5	22.4	—	—	19.8	17.3	13.0	11.3	—	
2018	17.5	15.3	17.9	21.0	22.7	22.1	24.6	—	—	—	—			

附表23　天池气象站月平均相对湿度（%）

年份	1月	2月	3月	4月	5月	6月	7月	8月	9月	10月	11月	12月	年平均	备注
1964	91.6	90.6	85.5	79.5	89.4	85.2	85.6	90.8	89.1	89.9	83.9	86.3	87.3	
1965	82.3	83.5	85.7	84.2	83.4	91.4	86.4	87.5	88.8	88.7	90.6	88.5	86.7	
1966	87.4	88.1	84.6	82.2	88.3	84.8	87.7	91.2	85.3	89.2	86.8	88.2	87.0	
1980	90.6	91.2	84.8	82.3	84.6	87.5	86.8	89.6	91.8	90.7	89.9	92.4	88.5	
1981	89.9	88.2	84.8	83.3	86.5	88.8	87.2	91.5	90.9	92.0	90.4	89.8	88.6	
1982	89.9	90.6	84.6	92.9	86.6	88.4	89.5	94.1	92.6	91.0	92.0	89.2	90.1	
1983	91.8	92.9	90.7	82.1	80.3	80.8	83.2	91.4	90.3	90.7	87.1	90.6	87.7	
1984	91.6	91.4	86.2	84.5	85.4	87.2	84.5	93.0	92.5	89.8	90.4	91.4	89.0	
1985	92.1	91.6	89.4	91.1	87.5	89.0	86.4	93.5	92.0	76.8	91.7	91.2	89.4	
1986	90.6	93.1	86.1	85.0	90.4	87.3	89.6	93.1	88.7	91.2	90.4	91.5	89.8	
1987	90.6	90.0	82.4	86.4	81.7	86.2	90.5	86.6	91.6	93.3	93.0	89.7	88.5	
1988	91.9	89.1	86.2	91.9	84.4	87.4	87.6	80.3	89.2	93.8	89.4	90.8	88.5	
1989	91.8	90.1	93.2	86.7	88.8	86.4	88.3	91.1	90.0	89.4	89.1	87.9	89.4	
1990	90.1	89.3	89.6	83.6	85.8	88.9	87.2	87.7	90.2	89.0	90.9	88.8	88.4	
1991	88.9	88.1	81.7	80.9	81.6	88.1	87.7	92.7	91.6	86.5	85.5	88.3	86.8	
1992	89.3	91.8	83.6	95.0	85.7	87.3	87.0	90.9	91.6	89.4	87.7	92.0	89.3	
1993	86.9	83.0	86.4	85.8	83.4	82.1	83.8	90.9	92.5	89.0	89.4	90.6	87.0	
1994	90.5	87.1	90.1	83.8	85.7	89.7	92.9	90.2	92.8	89.7	87.7	91.2	89.3	
1995	90.2	90.2	85.5	80.2	83.6	85.5	86.0	89.3	87.9	90.3	89.8	88.2	87.2	
1996	89.5	89.4	81.3	89.1	87.3	85.6	83.4	85.6	93.2	88.5	94.7	87.7	88.0	
1997	90.1	92.6	88.4	87.1	85.1	88.0	90.0	91.7	91.6	93.2	89.9	91.6	90.0	
1998	88.0	92.0	81.9	84.0	86.8	82.7	81.9	88.8	91.9	87.8	90.3	89.7	87.1	
1999	92.1	127.7	83.8	86.6	89.4	88.1	87.9	90.6	90.8	88.9	92.1	87.6	92.1	
2000	90.7	91.2	89.6	86.3	91.0	86.9	90.0	90.0	90.9	92.6	88.2	89.7	89.8	
2001	90.7	90.7	88.7	85.5	90.0	87.4	89.2	91.6	93.8	90.9	89.0	92.0	90.0	
2002	92.1	91.6	91.3	84.2	88.3	86.1	90.8	91.3	94.5	92.1	91.9	93.6	90.6	
2003	88.4	88.4	88.7	81.3	85.4	85.7	86.3	92.1	92.9	86.5	91.1	85.8	87.7	
2004	92.2	91.0	90.7	88.9	87.2	89.5	87.0	93.5	92.9	87.6	88.9	89.1	89.9	
2005	91.4	89.0	91.5	87.8	84.3	89.0	91.5	92.1	92.6	90.6	92.3	88.8	90.1	
2006	—	—	—	—	—	—	—	—	—	—	—	—	缺	
2007	88.2	84.5	85.6	85.9	85.9	85	85.6	90.7	90	89.7	84.6	90.1	87.1	
2008	90.0	95.4	89.5	86.6	86.3	87.1	87.5	90.8	92.6	91.0	86.0	86.0	89.1	
2009	86.7	83.7	86.7	86.5	86.4	84.5	86.7	90.4	89.1	89.0	87.2	88.8	88.1	
2010	89.0	85.0	83.0	84.0	83.0	83.0	86.0	99.0	96.0	99.0	100.0	100.0	91.0	
2011	98.0	86.0	86.0	87.0	80.0	84.0	86.0	87.0	89.0	89.0	88.0	87.0	87.0	
2012	86.0	88.0	85.0	81.0	82.0	87.0	85.0	88.0	88.0	85.0	88.0	88.0	86.0	
2013	88.0	86.0	84.0	83.0	80.0	88.0	98.0	100.0	100.0	100.0	89.8	88.9	90.5	
2014	—	—	—	—	—	—	—	—	—	—	—	96.0	—	

（续）

年份	1月	2月	3月	4月	5月	6月	7月	8月	9月	10月	11月	12月	年平均	备注
2015	88.0	84.0	79.0	76.0	72.0	76.0	84.0	82.0	85.0	85.0	85.0	85.0	82.0	
2016	88.6	83.9	82.1	73.6	78.3	79.1	65.7	76.6	74.5	75.8	77.3	72.3	77.3	
2017	74.6	75.4	74.7	83.7	87.7	82.9	78.1	84.7	89.9	88.3	85.7	87.1	82.7	
2018	93.4	90.0	86.7	85.5	77.3	78.2	87.6	—	—	—	—	—	—	

附表 24　天池气象站月降水量（mm）

年份	1月	2月	3月	4月	5月	6月	7月	8月	9月	10月	11月	12月	年平均	备注
1964	42.7	30.0	12.4	72.6	338.9	226.5	1 103.5	855.2	243.8	708.4	13.4	38.6	3 686.0	
1965	5.3	18.9	10.2	94.4	190.1	535.3	290.0	237.1	296.5	136.0	141.0	36.7	1 991.5	
1966	14.9	41.9	139.0	109.2	241.3	112.7	716.4	486.9	204.6	108.5	41.3	60.4	2 277.1	
1980	6.9	27.3	4.7	122.9	251.2	637.2	851.4	185.3	743.5	296.1	26.1	12.5	3 165.1	
1981	3.6	4.2	9.0	120.3	146.7	421.1	683.2	490.0	261.8	474.9	33.2	3.8	2 651.8	
1982	3.1	41.8	32.8	222.8	213.8	183.5	194.4	192.0	351.7	521.5	84.8	43.6	2 085.8	
1983	30.0	27.1	94.8	44.0	86.7	47.4	1 034.2	530.1	384.9	336.2	1.2	21.7	2 638.3	
1984	16.9	28.5	8.8	111.3	131.7	560.4	109.6	568.6	379.8	87.2	74.0	8.4	2 085.2	
1985	42.2	108.6	15.5	281.0	181.2	345.5	111.9	499.7	139.6	491.4	40.1	16.1	2 272.8	
1986	5.4	46.1	7.8	64.4	658.5	42.2	306.5	610.8	451.0	100.6	12.6	11.7	2 317.6	
1987	6.8	0.7	41.4	98.9	63.7	82.7	293.6	273.7	285.8	203.2	53.9	0.5	1 404.9	
1988	17.5	8.0	23.4	253.0	99.8	229.4	171.5	313.1	89.8	596.8	39.1	29.8	1 871.2	
1989	47.6	13.4	64.6	29.4	186.1	894.2	301.7	367.5	173.4	607.4	90.6	16.6	2 792.5	
1990	12.3	49.0	55.8	154.0	220.4	525.8	127.5	452.5	260.6	169.9	324.6	12.3	2 364.7	
1991	21.6	10.6	31.3	27.1	180.9	940.4	1 060.6	982.2	251.5	104.3	20.3	31.5	3 662.3	
1992	49.0	180.7	49.2	116.4	208.9	823.2	880.8	401.7	408.9	60.5	1.4	51.2	3 231.9	
1993	24.6	9.1	34.1	82.0	167.2	79.7	183.7	490.7	252.7	43.6	106.9	15.3	1 489.6	
1994	1.1	4.6	39.2	17.4	175.6	584.7	850.4	532.7	670.3	48.9	7.2	56.5	2 988.6	
1995	23.9	27.8	14.2	2.2	333.2	318.2	178.5	295.4	181.7	254.2	98.8	34.5	1 762.6	
1996	2.0	22.2	12.0	88.8	169.0	277.8	474.8	345.8	998.4	67.8	37.8	8.0	2 504.4	
1997	25.4	81.9	35.8	239.0	153.4	368.7	273.6	313.7	428.5	238.6	4.5	15.5	2 178.6	
1998	4.1	52.9	3.8	67.4	116.9	141.8	254.8	164.3	195.6	230.2	38.2	35.5	1 305.5	
1999	38.1	5.3	6.8	128.6	343.2	242.6	239.1	406.9	413.0	134.5	240.1	72.2	2 270.4	
2000	23.9	32.4	23.8	29.2	340.5	189.2	556.3	189.5	251.6	317.2	8.5	8.4	1 970.5	
2001	23.2	2.4	71.6	65.2	155.8	209.9	293.5	1 184.8	707.5	230.1	48.7	90.7	3 083.5	
2002	10.6	9.8	96.2	1.0	133.1	129.7	576.2	358.7	991.7	210.7	29.0	140.2	2 686.9	
2003	12.5	0.8	97.3	99.8	140.3	156.7	509.7	773.7	469.2	18.8	761.6	1.4	3 041.8	
2004	11.5	57.8	16.4	244.4	234.4	329.8	187.5	998.1	152.1	1.8	0.7	4.3	2 238.8	
2005	15.7	33.7	47.6	17.4	62.3	75.6	1 400.2	711.4	1 011.0	125.4	101.4	6.1	3 607.8	
2006	—	—	—	—	—	—	—	—	—	—	—	—	缺	
2007	7.1	36.6	26.2	51.1	254.0	148.8	530.6	422.7	515.9	233.4	3.0	7.9	2 237.3	

（续）

年份	1月	2月	3月	4月	5月	6月	7月	8月	9月	10月	11月	12月	年平均	备注
2008	26.9	48.5	25.7	57.9	50.0	247.7	76.2	839.2	526.0	508.2	28.3	67.8	2 502.4	
2009	8.7	2.2	166.4	99.4	146.1	28.3	357.2	887.0	407.0	272.5	14.0	5.6	2 394.4	
2010	23.0	23.0	20.0	87.9	157.6	56.5	328.6	405.1	162.4	332.6	26.0	14.2	1 636.9	
2011	12.0	7.4	33.8	29.7	81.5	399.9	850.0	175.5	651.5	503.8	107.5	25.6	2 878.2	
2012	46.2	14.5	15.3	110.4	256.0	487.1	297.9	370.9	199.5	330.0	48.1	21.8	2 197.7	
2013	15.6	3.3	89.6	77.5	57.0	416.7	323.5	838.5	151.3	73.1	45.4	23.8	2 115.3	
2014	1.4	1.0	59.6	18.4	168.4	234.5	434.5	283.9	623.2	162.4	81.4	19.0	2 087.7	
2015	11.2	15.6	3.2	41.5	2.5	755.5	1 671.0	196.5	133.0	209.0	41.5	34.5	3 115.0	
2016	105.5	51.0	30.5	165.5	109.0	131.5	390.5	1 217.5	274.5	858.0	58.5	17.5	3 409.5	
2017	75.9	3.3	3.6	58.0	144.7	33.5	399.8	491.0	364.4	348.3	45.4	23.8	1 991.7	
2018	71.2	5.6	20.6	78.5	6.1	5.0	570.6	—	—	—	—	—	—	

附表 25　天池气象站月蒸发量（mm）

年份	1月	2月	3月	4月	5月	6月	7月	8月	9月	10月	11月	12月	年平均	备注
1964	70.3	69.0	101.9	172.5	126.0	139.7	142.8	95.0	101.0	89.7	96.6	77.6	1 282.1	
1965	88.0	100.6	119.6	171.6	155.6	107.0	129.1	126.8	115.5	101.2	72.8	70.8	1 358.6	
1966	80.8	81.1	128.2	160.5	114.2	142.1	138.7	87.1	125.0	75.4	83.8	54.9	1 271.8	
1980	72.3	61.9	133.0	157.5	157.8	124.9	118.7	117.8	86.3	87.4	82.1	54.5	1 254.2	
1981	71.3	76.2	139.0	146.5	127.8	116.4	119.0	116.2	97.5	93.5	74.9	63.9	1 242.2	
1982	73.5	73.8	130.3	92.7	153.9	114.7	100.7	104.7	94.9	92.7	76.3	76.0	1 184.2	
1983	58.8	52.3	82.0	149.8	176.6	171.2	175.1	92.7	131.7	83.0	111.4	57.6	1 342.2	
1984	55.9	56.8	110.4	147.7	141.4	113.6	144.8	109.2	107.2	88.7	74.8	61.6	1 212.1	
1985	51.0	57.2	97.4	84.5	150.2	106.3	133.6	99.1	75.9	120.0	80.8	69.0	1 125.0	
1986	82.6	61.3	124.0	153.5	123.5	134.6	136.3	122.5	123.6	92.3	82.3	62.3	1 298.8	
1987	75.4	73.5	154.3	140.8	199.1	146.1	119.0	155.5	118.7	89.6	72.2	78.0	1 422.2	
1988	72.3	80.5	117.9	80.9	174.0	141.4	139.9	104.9	118.9	50.4	78.0	69.9	1 229.0	
1989	65.1	79.6	71.1	145.4	151.7	155.2	130.5	109.3	105.1	79.8	79.6	75.2	1 247.6	
1990	63.8	63.5	100.8	144.1	134.1	114.2	130.0	131.4	95.7	76.2	61.8	74.4	1 190.0	
1991	73.0	79.7	148.3	164.3	170.9	116.0	114.0	109.4	95.1	100.0	81.5	63.5	1 315.7	
1992	56.0	0.0	128.3	143.9	141.9	113.7	131.8	108.6	97.8	89.7	83.5	63.1	1 158.3	
1993	69.8	87.9	120.6	138.3	173.9	176.0	175.9	96.4	92.1	105.2	75.5	76.1	1 387.7	
1994	79.8	92.0	88.8	170.8	146.2	114.2	59.9	96.4	90.1	120.8	98.3	64.9	1 222.2	
1995	71.0	65.4	114.8	168.9	135.7	118.6	147.0	122.2	79.3	67.9	71.8	60.8	1 223.4	
1996	84.5	70.9	167.2	99.9	136.4	128.9	156.8	135.6	73.4	377.8	124.4	71.1	1 626.9	
1997	64.7	36.8	118.3	123.2	115.1	109.6	65.9	67.3	74.9	90.6	89.2	76.7	1 032.3	
1998	84.3	68.7	142.2	176.4	140.8	142.6	274.8	161.7	108.0	106.1	73.7	27.3	1 506.6	
1999	53.5	86.5	126.1	119.9	114.9	117.9	115.8	87.7	88.7	82.6	59.2	69.6	1 122.4	
2000	73.4	67.9	113.1	137.7	111.9	126.0	104.6	108.4	83.4	80.2	92.3	75.9	1 174.8	

（续）

年份	1月	2月	3月	4月	5月	6月	7月	8月	9月	10月	11月	12月	年平均	备注
2001	83.3	79.1	98.5	156.4	97.8	116.5	102.8	91.3	83.4	94.8	96.6	64.9	1 165.4	
2002	80.9	65.8	106.8	158.6	119.5	123.6	80.7	97.0	66.6	95.2	78.1	57.2	1 130.0	
2003	74.9	89.5	102.5	168.3	141.6	120.3	150.9	88.8	81.0	121.9	85.9	77.6	1 303.2	
2004	60.8	76.5	93.7	116.5	138.0	111.0	122.3	95.1	79.5	118.2	87.7	80.5	1 179.8	
2005	76.2	89.4	92.8	79.8	196.8	124.5	107.2	79.8	86.8	103.0	68.2	69.1	1 173.6	
2006	—	—	—	—	—	—	—	—	—	—	—	—		
2007	—	—	—	—	—	—	—	—	—	—	—	—		
2008	—	—	—	—	—	—	—	—	—	—	—	—		
2009	162.9	180.6	166.4	132.5	141.8	97.1	281.0	113.8	120.2	127.3	114.5	114.3	1 752.4	
2010	—	—	—	—	—	—	—	—	—	—	—	—		
2011	—	—	—	—	—	—	—	—	—	—	—	—		
2012	—	—	—	—	—	—	—	—	—	—	—	—		
2013	—	—	—	—	—	—	—	—	—	—	—	—		
2014	—	—	—	—	—	—	—	—	—	—	—	—		
2015	246.0	4.5	275.9	194.5	172.8	502.2	962.8	3 879.5	347.7	868.2	201.9	243.6	7 899.7	
2016	260.7	204.2	336.3	575.8	5 316.9	164.7	156.5	119.4	114.6	107.9	118.3	122.2	7 597.5	
2017	163.3	134.3	351.5	4 016.1	885.6	220.7	0.0	0.0	0.0	0.0	0.0	0.0		
2018	68.7	647.9	564.6	3 369.9	3 816.0	350.9	3 839.9	—	—	—	—	—		

附表 26 天池气象站月平均风速（m/s）

年份	1月	2月	3月	4月	5月	6月	7月	8月	9月	10月	11月	12月	年平均	备注
1964	2.2	1.5	2.1	2.3	1.0	1.8	1.6	1.4	1.5	1.0	0.9	0.8	1.5	
1965	1.0	1.0	1.0	1.5	1.5	1.8	1.6	1.3	0.9	0.8	1.7	1.1	1.3	
1966	1.1	1.4	1.8	1.8	1.5	2.7	2.5	2.0	1.2	1.6	1.7	0.8	1.7	
1980	1.1	1.4	1.5	1.6	3.4	3.4	2.2	1.4	2.8	2.1	1.7	1.7	2.0	
1981	2.0	1.3	1.4	1.3	1.2	1.5	0.5	1.9	1.4	1.2	1.0	0.9	1.3	
1982	0.8	1.2	1.2	0.9	1.3	1.1	1.5	1.6	1.0	1.0	0.7	0.9	1.1	
1983	0.8	1.9	0.9	1.3	1.7	1.5	3.4	1.7	1.5	1.7	0.8	0.6	1.5	
1984	0.7	0.7	1.2	1.3	1.5	1.9	1.7	1.1	0.8	0.6	0.7	0.9	1.1	
1985	0.7	1.5	1.1	0.8	1.3	1.5	1.2	2.0	1.4	1.3	0.6	0.6	1.2	
1986	0.8	1.2	1.2	1.3	1.7	1.8	2.2	1.3	1.6	1.0	0.8	0.9	1.3	
1987	1.0	1.1	1.7	1.8	2.3	1.9	1.9	2.8	1.0	1.2	0.7	0.7	1.5	
1988	0.7	0.8	1.4	1.1	1.8	1.5	1.0	2.1	1.5	2.7	0.9	0.9	1.4	
1989	0.9	0.9	0.8	1.5	2.1	2.2	2.2	1.4	1.5	2.9	1.1	0.8	1.5	
1990	0.8	1.3	1.3	1.7	1.2	2.0	2.0	2.2	1.7	1.0	1.0	0.7	1.4	
1991	0.6	1.2	2.3	1.3	1.7	1.9	2.7	1.4	1.3	1.3	0.7	0.8	1.4	
1992	0.9	1.5	2.2	1.1	1.7	2.5	2.6	1.2	1.4	1.2	1.0	0.9	1.5	
1993	0.7	0.9	1.4	1.5	1.7	2.0	2.5	2.0	1.1	1.1	1.0	0.8	1.4	

（续）

年份	1月	2月	3月	4月	5月	6月	7月	8月	9月	10月	11月	12月	年平均	备注
1994	1.0	1.0	1.1	1.0	1.3	1.6	1.6	1.9	1.4	0.9	0.9	1.3	1.2	
1995	0.9	1.3	1.0	0.9	1.2	1.6	1.3	1.7	1.0	1.2	1.1	0.4	1.1	
1996	0.4	1.1	1.4	1.5	1.1	1.8	1.9	1.8	1.6	1.2	1.1	0.0	1.3	
1997	0.0	0.0	0.0	0.0	0.0	0.0	0.0	0.0	0.0	0.0	0.0	0.0	0.0	
1998	0.0	0.0	0.0	0.0	0.0	0.0	0.0	0.0	0.0	0.0	0.0	0.5	0.0	
1999	0.5	0.7	1.3	1.5	1.3	2.1	1.8	1.7	1.8	0.8	0.7	0.7	1.2	仪器
2000	0.4	0.9	0.7	0.9	0.6	1.1	2.0	0.8	0.9	0.0	0.0	0.0	0.6	损坏
2001	0.0	0.0	0.0	0.0	0.0	0.0	0.0	0.0	0.0	0.0	0.0	0.0	0.0	
2002	0.0	0.0	0.0	0.0	0.0	0.0	0.0	0.0	0.0	0.0	0.0	0.0	0.0	
2003	1.3	0.8	1.2	1.3	1.0	1.6	1.6	1.0	0.5	0.4	0.5	0.4	1.0	
2004	0.5	0.7	0.7	0.7	0.8	1.2	0.9	1.2	0.6	0.6	0.6	0.6	0.8	
2005	0.4	0.8	1.0	0.8	1.4	1.5	0.9	0.9	1.0	0.4	0.5	0.4	0.8	
2006	—	—	—	—	—	—	—	—	—	—	—	—	—	
2007	0.4	0.6	0.8	0.6	0.7	0.9	0.9	0.7	0.7	0.6	0.4	0.3	0.6	
2008	0.4	0.5	0.6	0.6	0.8	1.1	0.9	0.8	0.5	0.6	0.7	0.6	0.7	
2009	0.5	0.7	0.7	0.6	0.7	0.9	0.9	0.6	0.8	0.6	0.6	0.5	0.7	
2010	0.7	0.9	0.9	1.1	0.9	1.0	1.1	0.8	0.6	0.8	0.5	0.4	0.8	
2011	0.5	0.7	0.6	0.5	0.8	1.0	1.0	0.7	0.8	0.7	0.6	0.5	0.7	
2012	0.5	0.7	0.8	0.8	0.8	0.9	0.8	0.5	0.2	0.5	0.1	0.1	0.6	
2013	0.1	0.1	0.2	0.2	0.2	0.3	0.9	1.3	1.0	1.0	1.0	0.7	0.6	
2014	0.8	0.9	1.1	1.1	1.2	1.1	1.1	1.1	0.9	0.7	0.8	0.8	1.0	
2015	0.8	0.9	1.2	1.0	1.5	1.5	1.6	1.3	1.3	1.4	1.4	1.4	1.3	
2016	1.1	1.3	1.3	1.7	1.9	1.4	2.4	2.4	3.0	2.2	2.9	2.5	2.0	
2017	1.9	1.9	1.6	0.6	0.5	0.9	0.9	0.8	0.7	0.8	0.6	0.5	1.0	
2018	0.5	0.4	0.8	0.6	1.1	0.9	1.0	—	—	—	—	—	—	

附表27　天池气象站月平均地面温度（℃）

年份	1月	2月	3月	4月	5月	6月	7月	8月	9月	10月	11月	12月	年平均	备注
1964	18.7	19.5	21.7	26.9	26.1	26.7	26.7	24.9	24.4	23.1	18.9	15.6	22.8	
1965	15.0	20.9	22.0	26.6	27.1	24.9	26.5	25.5	24.1	23.1	20.6	19.0	22.9	
1966	18.6	20.5	23.1	26.5	25.5	26.3	25.8	24.6	22.9	22.5	19.9	19.4	23.0	
1980	16.7	17.6	23.5	26.0	27.4	23.1	26.0	25.1	23.2	23.0	20.2	17.5	22.4	
1981	16.4	19.3	23.6	25.7	25.9	25.4	24.6	24.6	23.5	22.1	19.9	15.7	22.2	
1982	16.1	19.6	22.2	22.0	25.8	26.0	24.6	24.5	23.7	22.5	20.9	15.6	22.0	
1983	16.7	18.8	20.4	25.4	28.1	28.0	28.4	24.9	24.0	22.5	18.6	16.6	22.7	
1984	15.4	18.5	22.1	26.8	26.4	25.8	26.9	23.7	23.7	22.5	20.4	17.3	22.5	
1985	16.9	19.4	21.3	22.6	26.5	25.3	25.9	24.0	23.1	18.1	21.0	16.6	21.7	
1986	16.3	18.3	21.2	25.6	23.1	26.8	25.8	25.1	24.6	22.3	19.3	17.9	22.2	

（续）

年份	1月	2月	3月	4月	5月	6月	7月	8月	9月	10月	11月	12月	年平均	备注
1987	16.8	19.2	23.8	25.0	28.8	27.8	25.7	26.9	24.7	22.8	21.9	16.6	23.3	
1988	17.9	20.6	22.4	23.3	27.7	26.5	27.2	25.4	24.9	21.1	17.8	15.4	22.5	
1989	18.0	18.0	19.8	25.3	26.3	26.8	25.1	24.9	24.1	21.7	19.3	16.1	22.1	
1990	17.9	19.6	21.0	25.1	26.0	25.6	25.7	25.7	24.4	22.2	19.8	17.2	22.5	
1991	18.4	19.8	24.3	26.6	27.5	25.2	25.1	23.6	23.8	21.8	19.2	16.7	22.7	
1992	15.7	18.3	22.8	26.1	26.8	25.6	25.2	25.2	24.1	21.4	19.2	17.6	22.3	
1993	15.5	18.6	22.7	24.7	27.3	29.0	28.7	25.2	23.8	22.9	21.1	17.5	23.1	
1994	18.3	21.5	21.7	27.8	27.3	24.6	23.8	24.2	23.7	22.9	20.7	19.2	23.0	
1995	18.0	18.6	21.8	27.0	26.5	27.4	26.8	24.5	24.1	22.8	20.2	17.6	22.9	
1996	17.8	18.2	23.2	24.2	26.7	26.8	27.5	20.0	23.7	23.7	20.7	18.2	22.6	
1997	16.7	19.1	22.7	23.5	26.7	24.6	24.7	24.8	23.8	23.5	22.0	20.2	22.7	
1998	20.4	21.0	24.7	26.4	27.0	28.0	29.2	27.2	23.8	23.9	21.5	18.7	24.3	
1999	18.4	21.4	26.0	25.2	25.6	25.4	27.8	25.3	24.4	24.0	20.8	16.7	23.4	
2000	18.6	19.6	23.3	26.4	25.5	26.1	26.1	25.2	24.3	23.5	21.3	20.4	23.4	
2001	20.2	20.7	23.5	27.8	26.0	27.3	25.4	25.2	23.8	24.1	19.8	18.2	23.5	
2002	17.3	20.0	23.2	27.5	25.6	27.4	25.2	25.0	22.9	23.4	21.1	19.6	23.2	
2003	17.0	21.5	22.6	27.2	26.2	25.8	26.9	25.4	24.7	24.7	21.7	17.6	23.4	
2004	18.1	19.0	22.5	23.9	27.4	26.8	26.9	25.0	23.7	23.9	22.4	19.0	23.2	
2005	18.1	22.3	21.4	25.9	31.2	27.1	25.7	24.6	24.1	23.4	21.2	19.2	23.7	
2006	—	—	—	—	—	—	—	—	—	—	—	—	—	
2007	19.2	20.6	22.8	25.0	25.4	26.7	27.3	24.9	24.7	23.0	21.6	20.5	23.5	
2008	19.2	17.8	21.6	25.5	25.6	25.7	25.8	25.0	24.8	24.1	21.8	19.1	23.0	
2009	18.0	19.2	20.6	22.5	22.9	24.5	24.0	23.3	22.9	21.5	18.5	16.7	20.9	
2010	18.1	20.1	21.6	24.6	25.9	26.9	26.0	23.9	23.5	20.2	18.7	17.0	22.2	
2011	15.3	17.6	19.5	21.8	26.6	25.0	24.8	24.1	23.1	21.2	19.9	17.0	21.3	
2012	20.1	18.8	21.0	23.8	25.0	24.0	24.1	23.0	22.8	21.4	20.5	18.8	20.3	
2013	17.1	20.1	22.5	24.4	25.0	23.6	25.3	24.0	23.6	21.9	20.9	18.6	22.3	
2014	—	—	—	—	—	—	—	—	—	—	—	—	—	
2015	17.9	20.0	22.8	24.1	25.2	24.0	23.8	23.4	22.9	21.6	20.9	19.3	22.2	
2016	—	—	—	—	—	—	—	—	—	—	—	—	—	100 ℃
2017	—	—	—	—	—	—	—	—	—	—	—	—	—	以上
2018	17.8	17.3	20.6	24.0	28.1	29.8	25.5	—	—	—	—	—	—	

附表 28　天池气象站月平均地面最高温度（℃）

年份	1月	2月	3月	4月	5月	6月	7月	8月	9月	10月	11月	12月	年平均	备注
1964	33.7	34.5	38.1	49.3	40.4	41.9	43.5	35.7	37.1	35.6	35.7	33.8	38.3	
1965	36.9	43.3	41.3	45.5	46.8	36.8	42.8	40.4	38.8	37.4	31.1	30.1	39.3	
1966	34.1	36.9	38.6	45.2	37.9	39.1	38.9	37.8	38.0	35.2	32.5	28.9	36.9	

（续）

年份	1月	2月	3月	4月	5月	6月	7月	8月	9月	10月	11月	12月	年平均	备注
1980	38.1	30.3	43.8	47.9	44.9	27.3	42.5	42.7	34.7	35.9	37.2	32.8	38.2	
1981	38.0	39.6	45.1	47.0	41.4	38.6	38.4	36.1	36.3	35.8	33.3	32.8	38.5	
1982	36.6	35.8	41.2	34.2	41.2	39.9	37.6	37.6	27.7	36.9	35.5	32.1	36.4	
1983	30.9	30.0	31.6	42.0	47.3	44.1	46.7	38.3	40.5	34.8	40.6	34.5	38.4	
1984	31.4	33.6	39.9	45.2	42.8	38.8	43.1	39.1	39.3	38.9	37.7	35.9	38.8	
1985	32.2	31.1	40.0	38.2	46.7	38.8	45.6	35.6	38.2	30.4	38.7	36.7	37.7	
1986	39.1	34.9	42.2	47.2	39.7	46.6	43.7	44.1	43.4	38.0	38.4	35.2	41.0	
1987	39.5	41.8	44.9	42.7	49.3	47.0	41.1	47.4	41.6	37.6	37.8	36.2	42.2	
1988	37.6	40.5	40.5	41.6	49.3	45.9	49.6	39.9	43.3	35.4	35.8	34.9	41.2	
1989	30.6	35.3	34.0	44.3	45.4	44.8	38.5	40.0	39.3	34.1	37.5	33.8	38.1	
1990	32.4	36.5	36.5	42.2	43.4	39.8	40.5	39.5	38.8	35.3	33.3	37.8	38.0	
1991	36.5	38.2	45.3	47.0	45.3	38.2	38.4	36.9	38.2	39.1	40.2	23.4	38.9	
1992	30.5	29.9	39.6	43.1	45.1	39.7	40.4	41.1	37.5	38.8	40.0	33.7	38.3	
1993	32.1	39.2	40.8	43.8	45.8	49.6	49.3	39.1	37.6	41.0	38.5	20.8	39.8	
1994	36.7	41.0	37.3	51.7	45.7	36.7	31.6	35.9	37.6	41.1	42.4	34.3	39.3	
1995	35.5	35.3	38.6	50.7	45.3	45.7	44.5	38.2	40.1	37.6	35.0	33.0	40.0	
1996	36.0	34.6	41.7	39.0	43.3	45.0	44.3	42.2	35.9	39.9	36.0	33.1	39.3	
1997	30.7	28.7	41.5	41.2	42.0	37.8	36.2	35.2	35.6	37.7	41.1	36.1	37.0	
1998	37.6	33.6	43.5	44.3	44.0	40.0	50.0	46.4	37.8	41.0	36.7	32.3	40.6	
1999	30.6	40.6	46.6	41.3	42.7	40.7	45.7	39.2	40.8	42.2	35.5	35.3	40.1	
2000	37.4	35.7	44.7	45.8	40.8	39.9	40.4	39.3	39.1	35.1	38.2	35.5	39.3	
2001	34.9	38.0	38.7	45.5	39.5	43.5	38.8	37.8	34.1	37.7	35.3	34.4	38.2	
2002	36.8	38.3	42.6	50.1	40.4	43.7	40.9	39.7	34.2	39.0	36.5	31.2	39.5	
2003	33.5	42.6	37.6	46.8	44.1	38.9	40.7	37.9	37.6	44.0	40.7	36.2	40.1	
2004	34.1	35.5	39.9	41.9	45.4	42.6	41.5	37.9	35.3	42.2	42.1	39.3	39.8	
2005	33.6	40.1	36.3	43.8	51.7	42.8	40.1	36.8	36.2	39.1	34.7	34.9	39.2	
2006	—	—	—	—	—	—	—	—	—	—	—	—	—	
2007	—	—	—	—	—	—	—	—	—	—	—	—	—	
2008	—	—	—	—	—	—	—	—	—	—	—	—	—	
2009	29.8	32.0	35.4	39.2	38.1	39.1	38.8	35.0	36.3	33.3	31.2	30.0	34.9	
2010	29.8	32.0	35.4	39.2	38.1	39.1	38.8	35.0	36.3	33.3	31.2	30.0	34.9	
2011	26.7	30.1	31.1	35.3	42.4	37.7	34.4	35.6	32.3	30.3	28.8	26.6	32.6	
2012	25.4	27.5	30.0	34.0	36.0	31.6	33.3	31.7	33.7	31.4	30.1	28.7	31.1	
2013	20.9	30.6	32.5	33.8	35.3	33.0	36.3	34.3	34.7	32.1	31.5	30.1	32.1	
2014	—	—	—	—	—	—	—	—	—	—	—	—	—	
2015	27.0	34.3	33.1	31.5	32.5	32.2	31.6	31.9	30.1	29.8	28.7	27.8	30.9	
2016	—	—	—	—	—	—	—	—	—	—	—	—	—	
2017	—	—	—	—	—	—	—	—	—	—	—	—	—	
2018	22.8	27.0	31.8	32.8	39.3	33.1	30.0	—	—	—	—	—	—	

附表 29　天池气象站月平均地面最低温度（℃）

年份	1月	2月	3月	4月	5月	6月	7月	8月	9月	10月	11月	12月	年平均	备注
1964	10.8	10.0	11.9	15.5	18.8	19.8	18.8	19.6	18.5	15.8	8.8	8.4	14.7	
1965	6.5	12.1	12.9	17.1	18.0	19.8	18.9	18.1	17.4	15.7	15.8	13.2	15.5	
1966	11.9	12.9	16.0	16.3	18.8	19.9	18.9	19.6	15.6	17.3	13.7	14.5	16.3	
1980	6.4	11.6	13.9	16.8	19.4	20.5	19.9	19.2	17.9	17.0	12.7	10.8	15.5	
1981	7.9	10.6	14.3	16.8	18.8	19.7	19.4	19.3	17.8	17.2	14.5	8.4	15.4	
1982	7.6	13.0	13.5	16.8	18.8	19.6	19.6	19.2	18.1	17.4	15.1	8.8	15.6	
1983	10.9	13.9	15.6	17.1	19.3	20.4	20.1	19.3	18.4	18.1	10.0	9.2	16.0	
1984	9.0	12.2	14.5	17.5	18.4	20.0	18.9	19.1	17.6	15.3	13.5	11.1	15.6	
1985	11.4	14.7	14.7	16.7	18.1	20.3	18.3	18.5	17.6	13.6	14.1	9.0	15.6	
1986	7.2	12.4	12.8	15.9	19.4	20.7	19.6	18.5	17.3	16.3	11.4	10.4	15.2	
1987	8.2	8.9	17.6	16.5	19.7	20.9	20.2	18.8	17.8	16.4	16.2	8.5	15.8	
1988	10.2	13.2	14.6	17.0	19.4	18.5	18.5	19.2	17.5	16.6	10.8	8.1	15.3	
1989	13.2	10.0	13.7	17.2	18.7	19.1	18.9	18.9	18.1	16.4	11.8	8.8	15.4	
1990	12.3	13.2	14.8	17.4	22.7	20.1	20.1	19.6	18.6	17.5	14.8	9.8	16.7	
1991	10.5	11.9	14.8	17.7	19.2	20.2	17.8	15.5	13.6	11.4	6.3	7.3	13.9	
1992	9.8	13.4	14.4	16.8	19.4	19.5	17.4	17.1	16.5	12.8	8.3	8.6	14.5	
1993	6.6	7.0	14.2	16.6	19.3	18.3	18.5	20.4	19.1	15.5	15.2	10.3	15.1	
1994	10.5	13.3	15.5	17.1	19.6	20.5	20.5	19.8	19.0	15.1	11.3	13.3	16.3	
1995	11.5	12.7	14.6	16.2	19.9	21.1	20.4	20.0	18.7	17.5	14.8	10.6	16.5	
1996	9.3	11.0	14.8	17.8	19.6	19.7	19.8	19.4	19.0	16.9	14.9	12.1	16.2	
1997	10.3	15.3	14.7	16.6	20.0	20.4	21.2	20.8	19.0	17.7	15.1	15.0	17.2	
1998	15.3	26.1	17.5	16.5	18.2	19.9	20.4	21.0	19.3	17.1	15.4	13.0	18.3	
1999	12.9	12.0	16.8	18.0	20.1	20.3	20.8	20.1	19.2	18.7	15.7	10.5	17.1	
2000	11.7	12.8	14.9	19.0	20.1	20.7	20.6	20.5	18.9	19.2	14.0	14.0	17.2	
2001	13.5	13.3	17.3	19.5	20.7	21.2	20.9	20.3	19.7	18.6	12.3	11.2	17.4	
2002	9.2	11.8	14.6	17.4	20.0	21.3	21.4	19.8	19.3	17.5	15.1	15.3	16.9	
2003	10.4	13.0	16.2	18.6	21.4	21.4	20.0	20.7	20.0	16.9	14.1	10.2	16.9	
2004	11.9	12.0	14.8	17.4	19.6	20.1	20.4	19.9	17.7	14.2	13.8	10.0	16.0	
2005	10.8	14.1	14.0	17.2	21.2	21.0	20.1	20.5	19.3	17.4	16.1	13.4	17.1	
2006	—	—	—	—	—	—	—	—	—	—	—	—	—	
2007	—	—	—	—	—	—	—	—	—	—	—	—	—	
2008	—	—	—	—	—	—	—	—	—	—	—	—	—	
2009	8.6	13.2	16.3	19.2	18.7	20.7	20.3	20.6	19.5	17.8	14.2	12.8	16.8	
2010	13.2	14.6	14.9	18.0	20.2	21.5	20.4	19.7	16.2	11.9	13.2	10.9	16.2	
2011	10.3	11.6	14.3	16.1	19.6	20.6	19.9	19.2	18.9	16.1	15.0	12.3	16.2	
2012	14.3	14.3	16.7	18.3	20.2	20.6	20.0	19.1	18.8	16.0	16.2	14.3	17.4	
2013	12.7	15.1	17.1	20.1	20.0	19.4	20.2	19.7	18.4	15.5	14.6	12.5	17.1	
2014	—	—	—	—	—	—	—	—	—	—	—	—	—	

（续）

年份	1月	2月	3月	4月	5月	6月	7月	8月	9月	10月	11月	12月	年平均	备注
2015	8.6	13.2	16.3	19.2	18.7	20.7	20.3	20.6	19.5	17.8	14.2	12.8	16.8	
2016	—	—	—	—	—	—	—	—	—	—	—	—		
2017	—	—	—	—	—	—	—	—	—	—	—	—		
2018	8.1	11.9	14.6	17.9	23.0	25.8	23.0	—	—	—	—	—		

附表30　天池气象站月地面最高极值温度（℃）

年份	1月	2月	3月	4月	5月	6月	7月	8月	9月	10月	11月	12月	年最高	备注
1964	45.5	48.0	47.8	58.5	53.0	51.0	52.5	48.5	46.8	49.8	41.9	44.5	58.5	
1965	49.0	53.9	53.0	55.6	59.0	43.5	50.7	51.0	43.0	43.2	39.6	39.0	59.0	
1966	40.7	48.5	46.0	51.0	49.3	47.4	56.1	46.4	44.1	44.5	37.0	36.8	56.1	
1980	47.6	42.6	52.9	58.8	54.9	29.7	59.1	0.0	39.6	44.6	43.5	40.8	59.1	
1981	44.2	46.0	52.2	57.5	50.2	49.1	54.7	52.0	44.9	41.8	39.7	44.6	57.5	
1982	43.8	44.0	51.5	46.7	48.9	51.0	47.6	47.1	46.6	47.6	44.7	40.2	51.5	
1983	42.4	40.6	46.6	50.1	55.2	53.7	55.0	49.8	49.7	43.6	47.1	44.6	55.2	
1984	42.2	44.1	54.8	54.7	52.9	50.8	56.5	50.5	51.9	50.5	46.1	44.4	56.5	
1985	41.1	41.8	0.0	49.6	57.7	52.2	56.6	49.9	46.0	42.2	46.8	44.5	57.7	
1986	44.2	46.4	52.2	54.5	51.5	56.8	58.5	54.2	53.8	44.7	43.8	49.0	58.5	
1987	48.0	52.4	51.9	55.5	60.5	59.4	53.6	61.5	55.0	48.3	50.0	43.2	61.5	
1988	49.2	49.3	51.5	55.7	60.2	57.6	59.5	55.6	56.0	40.0	41.4	40.3	60.2	
1989	40.7	48.3	50.7	56.3	58.7	59.8	48.6	49.8	49.5	47.7	44.2	41.3	59.8	
1990	42.8	47.6	52.4	52.2	53.5	50.9	51.0	49.4	49.0	41.9	42.7	45.5	53.5	
1991	44.3	49.7	53.3	55.8	58.8	61.8	52.8	44.7	45.6	45.4	47.6	40.3	61.8	
1992	44.1	45.5	49.6	56.8	58.1	56.6	51.9	51.7	52.5	47.8	45.0	43.0	58.1	
1993	46.2	45.2	51.1	53.6	55.9	64.8	59.9	54.5	52.0	50.5	47.0	44.7	64.8	
1994	45.0	52.2	50.2	60.5	60.2	47.0	49.5	48.4	51.0	54.4	46.6	45.3	60.5	
1995	43.2	46.5	49.0	59.8	58.8	60.5	56.9	50.5	53.8	49.1	44.0	40.5	60.5	
1996	46.9	45.4	49.3	51.8	53.3	58.6	59.6	58.3	49.6	57.7	44.8	39.6	59.6	
1997	39.6	42.0	50.6	59.0	53.6	52.6	46.2	41.1	41.6	43.8	48.6	46.6	59.6	
1998	45.0	47.8	53.6	55.5	57.4	56.9	62.5	59.6	48.4	47.6	45.7	45.4	62.5	
1999	42.0	49.9	59.6	54.6	55.6	52.8	60.8	53.8	43.3	49.8	46.3	46.2	60.8	
2000	46.6	48.7	53.6	57.3	58.3	54.5	55.9	46.2	46.6	42.9	44.8	42.7	58.3	
2001	45.3	45.1	51.0	59.3	54.5	58.5	50.7	46.2	44.5	46.1	46.7	45.4	59.3	
2002	47.9	47.0	53.0	61.3	59.1	58.0	54.4	59.8	43.2	52.5	47.8	45.2	61.3	
2003	43.7	52.5	52.1	55.7	56.6	50.0	51.0	52.0	49.8	59.0	53.5	44.5	59.0	
2004	44.1	50.5	55.8	62.5	59.0	53.7	54.6	51.2	44.8	46.9	49.9	48.4	62.5	
2005	44.1	58.3	47.1	59.4	62.2	59.3	59.1	53.4	45.6	47.0	45.5	45.5	62.2	
2006	—	—	—	—	—	—	—	—	—	—	—	—		
2007	—	—	—	—	—	—	—	—	—	—	—	—		

（续）

年份	1月	2月	3月	4月	5月	6月	7月	8月	9月	10月	11月	12月	年最高	备注
2008	—	—	—	—	—	—	—	—	—	—	—	—	—	
2009	33.8	40.8	39.7	40.6	38.0	37.6	39.5	37.8	35.4	34.3	34.8	32.1	40.8	
2010	35.4	38.1	42.9	47.7	44.1	43.8	45.8	40.1	40.4	41.4	34.3	34.8	47.7	
2011	32.4	38.9	41.1	41.5	48.7	44.8	42.1	39.5	37.9	36.1	32.4	31.2	48.7	
2012	31.7	33.3	36.2	37.1	38.3	36.8	37.6	35.2	37.0	33.4	34.6	32.6	38.3	
2013	31.6	33.9	38.3	35.6	39.3	40.8	41.3	38.2	37.7	36.3	37.1	34.5	41.3	
2014	—	—	—	—	—	—	—	—	—	—	—	—	—	
2015	—	—	—	—	—	—	—	—	—	—	—	—	—	
2016	—	—	—	—	—	—	—	—	—	—	—	—	—	
2017	—	—	—	—	—	—	—	—	—	—	—	—	—	
2018	26.7	35.5	39.8	40.3	44.8	40.5	41.5	—						

附表 31　天池气象站月地面最低极值温度（℃）

年份	1月	2月	3月	4月	5月	6月	7月	8月	9月	10月	11月	12月	年最低	备注
1964	5.9	6.2	6.8	12.4	16.0	18.8	14.3	17.0	15.8	11.3	2.0	1.8	1.8	
1965	1.5	7.4	7.8	12.6	14.5	17.7	15.5	15.0	13.7	10.7	10.5	4.6	1.5	
1966	7.2	8.0	11.0	12.8	15.4	17.4	16.4	16.0	10.6	13.0	9.5	7.7	7.2	
1980	4.9	8.5	10.7	12.1	15.8	18.0	15.7	0.0	13.8	14.1	8.5	4.7	0.0	
1981	1.4	6.7	10.6	12.7	15.1	13.6	16.9	16.8	14.6	12.5	7.2	3.1	1.4	
1982	4.2	7.4	8.6	13.7	15.2	17.2	13.3	15.7	15.3	12.8	10.7	-0.4	-0.4	
1983	3.7	7.6	12.0	15.2	15.4	16.7	17.3	16.7	16.7	13.5	-1.4	2.0	-1.4	
1984	-1.0	6.5	8.9	14.6	12.2	17.0	16.1	16.7	14.6	9.3	7.0	7.1	-1.0	
1985	6.3	7.9	0.0	13.5	15.4	18.7	15.7	16.5	13.0	9.1	10.8	0.6	0.0	
1986	-0.5	6.8	1.4	10.7	16.7	19.1	16.8	16.1	12.6	13.6	5.5	3.0	-0.5	
1987	3.5	3.5	10.5	13.0	15.6	18.1	18.5	15.1	15.5	11.4	10.5	1.9	1.9	
1988	5.0	9.5	8.6	14.4	17.5	11.1	16.1	16.3	14.7	11.8	5.5	3.2	3.2	
1989	8.1	6.4	8.0	13.9	16.7	17.5	15.4	14.9	15.1	11.8	3.9	2.8	2.8	
1990	7.2	7.8	10.2	13.6	11.0	18.7	18.0	16.7	16.3	11.9	9.1	3.3	3.3	
1991	6.7	5.6	10.5	13.0	14.8	16.2	14.9	13.5	9.0	2.3	0.9	-0.2	-0.2	
1992	2.6	7.3	10.1	13.3	17.0	17.2	12.0	14.8	13.5	7.4	0.0	-1.1	-1.1	
1993	-2.5	-1.0	10.2	13.3	16.0	13.3	16.1	17.3	15.0	10.5	8.4	-0.4	-2.5	
1994	5.3	8.3	11.5	13.4	13.4	19.3	14.6	16.4	16.2	8.1	7.4	7.6	5.3	
1995	5.5	6.5	10.5	13.9	16.8	19.5	18.6	17.7	14.0	14.2	7.0	1.1	1.1	
1996	0.8	5.3	7.9	11.7	17.3	16.5	18.0	16.4	16.0	14.3	11.0	4.0	0.8	
1997	4.3	10.4	7.5	14.0	16.4	18.7	19.3	17.9	16.8	12.3	12.5	11.7	4.3	
1998	10.0	13.2	13.0	12.0	12.7	18.0	17.8	18.9	14.8	12.9	8.9	9.5	8.9	
1999	7.1	6.5	12.1	16.5	16.4	18.7	19.6	16.6	16.5	15.4	10.3	-1.2	-1.2	
2000	7.7	7.7	11.7	16.7	17.5	17.6	18.7	18.5	14.3	14.0	7.9	7.8	7.7	

（续）

年份	1月	2月	3月	4月	5月	6月	7月	8月	9月	10月	11月	12月	年最低	备注
2001	7.9	9.9	12.0	16.8	18.5	17.5	18.8	16.0	16.3	16.0	4.5	−0.2	−0.2	
2002	2.6	8.5	11.6	14.7	17.0	19.4	18.5	17.5	16.4	8.8	8.1	11.9	2.6	
2003	5.0	6.5	12.7	16.5	19.2	16.7	18.5	17.9	18.0	12.4	10.0	4.7	4.7	
2004	8.8	8.5	8.0	14.7	17.0	17.0	17.8	18.4	13.5	10.6	7.1	5.2	5.2	
2005	7.2	9.3	6.3	13.2	18.0	19.6	18.0	18.4	17.4	13.0	10.9	4.9	4.9	
2006	—	—	—	—	—	—	—	—	—	—	—	—	—	
2007	—	—	—	—	—	—	—	—	—	—	—	—	—	
2008	—	—	—	—	—	—	—	—	—	—	—	—	—	
2009	2.1	9.1	11.9	16.4	13.9	18.5	17.9	16.8	17.7	14.7	9.7	9.2	2.1	
2010	9.2	10.3	9.7	13.7	17.1	17.8	18.3	17.6	10.6	6.1	8.2	6.8	6.1	
2011	7.3	7.0	11.1	13.3	16.0	17.4	16.1	17.5	16.9	10.3	11.8	6.3	6.3	
2012	9.7	9.8	13.7	14.7	19.2	19.2	18.6	17.0	15.6	13.3	12.3	9.0	9.0	
2013	9.5	11.9	11.6	18.6	17.6	18.3	17.7	17.2	15.2	11.1	10.8	7.6	7.6	
2014	—	—	—	—	—	—	—	—	—	—	—	—	—	
2015	—	—	—	—	—	—	—	—	—	—	—	—	—	
2016	—	—	—	—	—	—	—	—	—	—	—	—	—	
2017	—	—	—	—	—	—	—	—	—	—	—	—	—	
2018	11.9	5.5	10.6	14.9	15.7	20.8	20.5	—	—	—	—	—	—	

附表 32　天池气象站月日照时数（h）

年份	1月	2月	3月	4月	5月	6月	7月	8月	9月	10月	11月	12月	全年	备注
1964	80.6	73.4	115.7	211.7	135.9	136.5	212.0	90.6	132.0	146.5	154.2	143.9	1 633.0	
1965	159.9	148.8	141.9	194.1	188.6	65.4	149.7	126.8	129.9	134.9	97.7	122.2	1 659.9	
1966	139.5	118.6	168.0	211.6	90.0	147.5	119.7	104.1	182.7	112.0	146.3	60.5	1 600.5	
1980	153.9	91.0	203.9	218.4	215.7	147.2	165.0	150.3	102.6	109.1	141.6	91.0	1 789.7	
1981	121.8	101.3	127.8	149.0	148.2	75.8	99.7	114.0	137.4	128.4	127.4	94.6	1 425.4	
1982	119.7	107.3	217.0	118.9	181.5	85.6	106.0	103.3	101.6	129.5	104.6	95.5	1 470.5	
1983	65.6	58.9	103.6	203.4	197.9	165.8	197.6	106.9	151.1	88.7	135.0	51.0	1 525.5	
1984	67.5	53.2	60.3	155.5	89.0	36.5	120.5	23.1	54.3	61.9	52.2	31.0	805.0	
1985	24.1	27.1	76.2	48.6	76.3	11.4	68.0	1.9	22.4	31.4	52.8	51.1	491.3	
1986	54.4	25.1	136.7	99.0	56.6	96.4	118.0	110.4	141.2	86.4	100.9	65.6	1 090.6	
1987	84.3	89.7	222.0	198.3	268.7	155.5	105.7	186.6	143.2	122.4	73.6	124.5	1 774.4	
1988	111.7	90.7	134.5	96.0	214.8	137.7	125.9	97.5	148.8	53.9	117.1	110.2	1 438.8	
1989	87.5	117.6	90.6	187.2	186.9	174.9	160.4	150.3	142.8	109.0	144.4	130.2	1 681.8	
1990	95.7	98.8	118.1	170.4	140.9	124.2	120.5	143.0	121.4	98.5	105.6	139.1	1 476.3	
1991	122.5	121.1	194.3	189.7	216.7	107.9	114.2	119.0	156.3	144.4	126.6	99.3	1 712.0	
1992	93.1	71.8	151.5	186.8	169.1	103.8	141.0	156.0	124.6	115.0	136.4	77.2	1 526.4	
1993	105.9	143.3	139.4	126.9	183.4	194.1	202.9	98.0	86.8	144.5	96.4	89.2	1 610.8	

（续）

年份	1月	2月	3月	4月	5月	6月	7月	8月	9月	10月	11月	12月	全年	备注
1994	91.9	87.4	57.7	223.8	162.6	39.9	32.5	79.6	74.9	165.0	146.0	93.7	1 255.0	
1995	111.4	76.4	105.9	166.7	157.3	118.0	121.0	89.8	79.5	66.7	78.5	108.7	1 279.9	
1996	142.9	74.6	185.4	101.7	171.3	164.1	160.3	154.7	101.2	145.2	92.1	94.9	1 588.4	
1997	132.6	53.4	167.3	153.2	190.0	144.1	62.3	72.6	117.4	174.2	135.2	107.8	1 510.1	
1998	133.4	106.0	156.1	149.4	180.2	166.5	179.8	156.8	79.7	145.0	114.9	86.9	1 654.7	
1999	92.0	157.9	127.4	134.3	111.2	103.9	118.3	74.5	90.5	106.6	74.5	91.9	1 283.0	
2000	106.7	103.3	119.7	140.5	137.6	104.5	105.1	98.5	57.8	72.3	135.0	89.2	1 270.2	
2001	123.0	97.4	102.1	194.3	88.6	86.2	53.9	108.0	65.1	108.1	147.8	94.7	1 269.2	
2002	109.9	85.8	151.8	211.8	117.0	163.4	55.3	68.0	21.0	0.0	0.0	0.0		
2003	0.0	0.0	0.0	0.0	0.0	0.0	0.0	0.0	0.0	0.0	0.0	0.0	0.0	仪器
2004	0.0	0.0	0.0	0.0	0.0	0.0	0.0	0.0	0.0	0.0	0.0	0.0	0.0	损坏
2005	0.0	0.0	0.0	0.0	0.0	0.0	0.0	0.0	0.0	0.0	0.0	0.0	0.0	
2006	—	—	—	—	—	—	—	—	—	—	—	—		
2007	—	—	—	—	—	—	—	—	—	—	—	—		
2008	—	—	—	—	—	—	—	—	—	—	—	—		
2009	162.9	180.6	166.4	132.5	141.8	97.1	281.0	113.8	120.2	127.3	114.5	114.3	1 752.4	
2010	—	—	—	—	—	—	—	—	—	—	—	—		
2011	—	—	—	—	—	—	—	—	—	—	—	—		
2012	—	—	—	—	—	—	—	—	—	—	—	—		
2013	—	—	—	—	—	—	—	—	—	—	—	—		
2014	—	—	—	—	—	—	—	—	—	—	—	—		
2015	—	—	—	—	—	—	—	—	—	—	—	—		
2016	47.9	112.6	169.1	220.2	206.1	164.9	163.3	120.9	99.6	109.1	119.1	123.1	1 656.0	
2017	93.7	93.5	137.7	152.2	136.7	45.9	26.8	114.7	122.6	124.6	102.7	95.8	1 247.0	
2018	22.3	98.7	145.9	127.8	176.3	34.7	55.9	—	—	—	—	—	—	

附表 33　叉河口气象站月平均温度（℃）

年份	1月	2月	3月	4月	5月	6月	7月	8月	9月	10月	11月	12月	年平均	备注
2008	18.8	18.8	21.9	25.3	25.9	26.0	26.4	25.6	25.4	24.2	21.3	18.0	23.1	
2009	16.6	22.1	23	25	25.5	26.6	26.3	26	25.5	24.3	20.9	20.2	23.5	
2010	20.6	21.4	22.8	25.8	27.4	27.8	27.6	26.0	26.0	23.1	21.3	19.2	24.1	
2011	17.0	19.7	20.3	23.9	26.3	26.5	26.2	25.6	25.1	27.0	21.8	18.1	23.1	
2012	19.1	20.3	—	27.7	26.8	—	—	25.1	26.5	26.2	25.6	23.0	24.9	
2013	21.9	24.5	25.0	25.5	26.8	27.4	24.8	25.7	25.6	24.9	23.3	20.8	24.7	
2014	18.9	20.0	25.9	26.4	26.5	26.6	26.4	25.8	25.5	24.2	24.5	20.5	24.3	
2015	19.2	21.5	24.1	—	27.3	27.3	25.3	26.2	25.3	—	—	—	24.5	
2016	—	—	—	—	—	—	—	—	—	—	—	—	—	缺
2017	18.9	21.5	26.5	27.9	28.7	29.4	28.5	29.2	28.6	24.6	24.5	22.3	25.9	
2018	—	—	—	—	—	—	—	—	—	—	—	—	—	异常

附表 34　叉河口气象站月平均最高温度（℃）

年份	1月	2月	3月	4月	5月	6月	7月	8月	9月	10月	11月	12月	年平均	备注
2008	24.7	24.4	28.3	31.9	31.7	30.3	31.6	31.0	32.0	29.8	28.1	24.9	29.1	
2009	24.0	30.1	29.0	30.6	31.0	32.2	31.5	31.9	31.3	29.9	27.1	26.2	29.6	
2010	26.5	27.3	28.5	30.9	32.7	33.4	32.8	31.1	31.8	28.0	27.7	26.8	29.8	
2011	21.4	29.6	29.2	30.6	29.6	31.9	31.7	31.7	29.3	29.8	27.9	24.3	28.9	
2012	24.2	26.3	—	33.6	32.8	—	—	27.6	31.2	30.7	30.3	27.7	29.8	
2013	25.8	29.4	29.6	30.8	32.4	31.7	29.5	31.0	30.1	30.2	27.7	22.8	29.2	
2014	25.0	25.3	29.3	32.0	33.4	32.9	32.3	32.2	31.3	31.3	29.7	25.2	30.0	
2015	25.2	27.7	29.7	—	33.0	33.0	29.1	31.4	29.7	—	—	—	29.8	
2016	—	—	—	—	—	—	—	—	—	—	—	—	—	缺
2017	24.5	25.4	29.7	30.9	32.1	31.9	31.5	32.4	32.1	28.4	27.7	26.2	29.4	
2018	—	—	—	—	—	—	—	—	—	—	—	—	—	异常

附表 35　叉河口气象站月平均最低温度（℃）

年份	1月	2月	3月	4月	5月	6月	7月	8月	9月	10月	11月	12月	年平均	备注
2008	14.3	15.1	17.2	20.4	21.6	22.8	22.8	22.4	22.1	21.0	16.4	13.2	19.1	
2009	11.8	16.4	18.8	21.4	21.9	22.9	23.0	22.7	22.3	20.9	16.9	15.2	19.5	
2010	16.6	17.8	17.6	21.3	23.2	23.9	23.4	22.7	22.1	21.0	17.6	16.6	20.3	
2011	10.9	20.1	19.7	20.0	20.0	22.9	22.8	21.6	22.1	23.1	18.6	14.3	19.7	
2012	15.9	16.1	—	23.3	22.6	—	—	23.2	20.8	20.0	20.0	17.2	20.3	
2013	15.0	18.2	19.3	21.4	22.8	21.9	22.4	22.3	21.9	19.9	19.1	13.6	19.8	
2014	12.4	14.1	18.0	21.8	22.6	23.2	22.9	22.4	21.9	19.8	19.2	16.0	19.5	
2015	11.9	15.8	18.0	—	23.3	23.2	22.7	22.0	22.3	—	—	—	19.9	
2016	—	—	—	—	—	—	—	—	—	—	—	—	—	缺
2017	12.8	14.3	19.1	20.5	22.3	22.2	23.9	24.0	21.2	17.8	17.0	16.4	19.3	
2018	—	—	—	—	—	—	—	—	—	—	—	—	—	异常

附表 36　叉河口气象站月最高极值温度（℃）

年份	1月	2月	3月	4月	5月	6月	7月	8月	9月	10月	11月	12月	年最高	备注
2008	31.1	29.5	34.9	34.9	34.4	34.7	34.0	34.2	33.9	32.6	33.3	30.1	34.9	
2009	28.6	33.7	34.9	35.0	34.0	34.7	34.1	35.6	34.7	32.4	31.9	29.3	35.6	
2010	30.7	34.2	33.6	34.2	35.2	36.1	35.9	33.5	34.5	32.7	30.5	31.8	35.9	
2011	26.8	31.2	33.1	34.3	35.3	35.5	35.8	33.9	34.8	32.1	30.6	28.3	35.8	
2012	28.9	31.5	—	34.8	36.3	—	—	30.1	31.9	33.0	32.0	32.1	—	
2013	29.3	32.8	33.3	34.8	35.8	34.3	34.1	34.8	33.6	32.7	31.5	28.2	35.8	
2014	28.8	31.2	32.0	34.7	35.7	36.0	34.9	35.2	34.8	33.9	31.8	28.9	36.0	
2015	30.1	33.2	33.8	—	35.5	35.7	35.4	33.8	33.5	—	—	—	—	
2016	—	—	—	—	—	—	—	—	—	—	—	—	—	缺
2017	28.5	29.2	35.6	35.6	34.9	34.7	33.7	34.3	34.1	31.8	29.1	30.3	35.6	
2018	—	—	—	—	—	—	—	—	—	—	—	—	—	异常

附表 37　叉河口气象站月最低极值温度（℃）

年份	1月	2月	3月	4月	5月	6月	7月	8月	9月	10月	11月	12月	年最低	备注
2008	6.8	9.7	8.7	18.3	17.4	21.4	21.6	21.2	20.7	19.9	8.5	8.0	6.8	
2009	5.5	13.0	12.6	18.6	17.0	21.3	20.1	20.6	20.7	17.5	12.5	11.7	5.5	
2010	10.2	12.4	11.4	19.3	20.7	22.2	22.1	21.2	20.6	11.6	14.3	8.8	8.8	
2011	8.9	10.8	13.5	16.4	19.8	21.2	21.1	19.4	19.2	20.4	13.6	6.8	6.8	
2012	11.5	12.9	—	22.1	21.6	—	—	22.7	18.9	17.2	17.1	10.2	—	
2013	11.7	15.7	13.3	18.6	18.2	20.1	21.2	21.4	20.5	13.9	14.9	8.6	8.6	
2014	6.3	10.6	13.9	19.8	19.9	21.9	21.2	20.8	19.7	16.7	15.1	9.6	6.3	
2015	6.5	11.4	15.6	—	21.8	21.7	19.8	19.4	20.9	—	—	—	—	
2016	—	—	—	—	—	—	—	—	—	—	—	—	—	缺
2017	8.5	8.7	15.0	11.5	16.7	14.8	18.4	9.2	13.4	10.8	14.3	14.6	8.5	
2018	—	—	—	—	—	—	—	—	—	—	—	—	—	异常

附表 38　叉河口气象站月平均水汽压（hPa）

年份	1月	2月	3月	4月	5月	6月	7月	8月	9月	10月	11月	12月	年平均	备注
2008	17.4	17.7	20.2	24.8	25.8	28.2	28.6	27.4	27.6	26.3	20.8	16.7	23.2	
2009	15.3	20.9	23.1	25.8	26.7	28.6	29.0	28.7	28.3	26.0	20.3	19.6	24.4	
2010	20.1	21.2	21.3	25.7	28.8	29.8	29.2	29.2	28.5	24.3	21.0	18.3	24.8	
2011	15.9	18.5	19.1	23.4	27.1	28.9	26.9	28.3	27.6	25.2	21.3	17.3	23.3	
2012	18.9	19.5	—	28.6	28.5	—	—	29.8	26.9	24.8	25.6	21.6	24.9	
2013	18.8	21.4	23.3	23.5	28.5	31.2	28.6	28.7	28.5	24.5	23.3	19.6	25.0	
2014	16.1	18.7	24.7	27.5	27.9	27.9	28.2	28.9	28.1	25.9	24.5	18.6	24.8	
2015	16.2	19.5	—	29.4	29.6	29.9	28.2	29.1	29.2	—	—	—	—	
2016	—	—	—	—	—	—	—	—	—	—	—	—	—	缺
2017	15.2	18.1	22.7	24.6	28.9	31.1	31.1	31.2	30.8	21.8	25.2	19.6	25.0	
2018	—	—	—	—	—	—	—	—	—	—	—	—	—	异常

附表 39　叉河口气象站月平均相对湿度（％）

年份	1月	2月	3月	4月	5月	6月	7月	8月	9月	10月	11月	12月	年平均	备注
2008	80.1	80.7	77.1	77.0	77.2	84.1	83.0	85.5	85.3	87.1	81.7	81.3	81.7	
2009	80.6	77.8	82.2	82.3	81.8	82.1	85.1	85.5	87.2	86.0	82.4	82.8	83.0	
2010	83.1	83.1	77.1	77.9	79.0	80.1	79.4	86.6	84.5	85.6	83.0	82.3	81.8	
2011	82.1	80.9	79.9	78.6	79.1	83.5	83.9	85.9	87.4	70.5	82.3	82.5	81.4	
2012	85.8	81.9	—	77.1	81.0	—	—	90.4	78.2	73.4	78.2	77.0	—	
2013	72.4	69.8	74.1	79.8	80.7	87.3	90.7	87.0	86.6	78.2	81.7	80.1	80.7	
2014	74.3	79.7	80.1	80.0	80.6	80.7	81.5	86.7	86.0	83.2	80.3	77.2	80.8	
2015	73.4	75.9	74.3	—	81.3	81.5	88.2	85.9	91.0	—	—	—	—	
2016	—	—	—	—	—	—	—	—	—	—	—	—	—	缺
2017	69.3	71.3	65.9	67.3	74.4	77.5	80.3	77.0	78.8	71.0	81.6	72.6	73.9	
2018	—	—	—	—	—	—	—	—	—	—	—	—	—	异常

附表 40　叉河口气象站月降水量（mm）

年份	1月	2月	3月	4月	5月	6月	7月	8月	9月	10月	11月	12月	全年	备注
2008	5.6	6.1	62.7	27.4	49.5	310.6	166.9	407.9	287.0	146.3	51.8	25.1	1 546.9	
2009	2.3	2.5	110.2	85.9	90.1	116.1	207.3	293.4	276.4	162.8	6.1	85.1	1 438.2	
2010	4.1	8.6	2.3	56.4	89.7	169.4	171.2	231.1	174.5	148.1	15.7	9.7	1 080.8	
2011	3.6	6.4	23.1	56.1	81.8	276.3	416.8	220.5	275.6	33.5	47.0	13.0	1 453.7	
2012	8.6	0.5	—	0.0	112.0	—	—	22.9	35.6	36.3	33.3	4.6	—	
2013	10.9	0.3	22.1	43.9	69.3	78.5	164.6	465.1	116.3	52.1	107.7	35.1	1 165.9	
2014	3.8	18.5	63.0	68.6	53.8	58.4	199.4	269.0	340.4	96.5	0.5	3.3	1 175.2	
2015	3.8	1.5	2.5	—	37.6	19.1	24.8	18.1	17.3	—	—	—		
2016	—	—	—	—	—	—	—	—	—	—	—	—	—	缺
2017	3.2	4.3	4.1	3.3	37.8	28.7	47.0	26.9	34.5	3.0	0.3	2.1	195.3	
2018	—	—	—	—	—	—	—	—	—	—	—	—	—	异常

附表 41　叉河口气象站月平均风速（m/s）

年份	1月	2月	3月	4月	5月	6月	7月	8月	9月	10月	11月	12月	年平均	备注
2008	0.5	0.5	0.6	0.6	0.6	0.5	0.4	0.4	0.5	0.4	0.5	0.5	0.5	
2009	0.5	0.5	0.5	0.5	0.5	0.5	0.5	0.4	0.5	0.4	0.5	0.4	0.5	
2010	0.4	0.5	0.6	0.6	0.5	0.4	0.5	0.4	0.4	0.4	0.3	0.4	0.4	
2011	0.4	0.4	0.5	0.4	0.4	0.4	0.4	0.4	0.4	0.6	0.5	0.4	0.4	
2012	0.3	0.4	—	0.5	0.4	—	—	0.3	0.3	0.5	0.3	0.4	0.4	
2013	0.4	0.4	0.5	0.4	0.4	0.4	0.3	0.4	0.4	0.4	0.4	0.4	0.4	
2014	0.4	0.4	0.4	0.4	0.4	0.4	0.4	0.3	0.3	0.3	0.3	0.4	0.4	
2015	0.4	0.4	0.5	—	0.2	0.2	0.2	0.2	0.2	—	—	—	0.3	
2016	—	—	—	—	—	—	—	—	—	—	—	—	—	缺
2017	0.3	0.4	0.5	0.5	0.4	0.5	0.3	0.4	0.4	0.3	0.3	0.2	0.4	
2018	—	—	—	—	—	—	—	—	—	—	—	—	—	异常

附   图

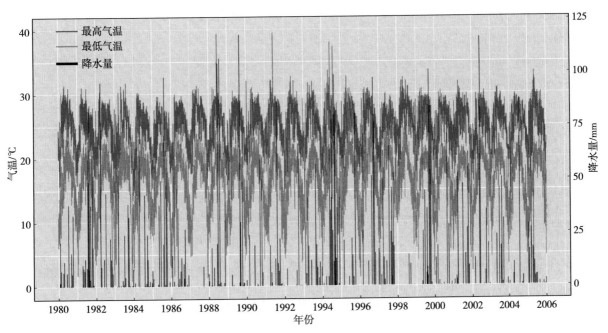

附图 1   热带山地雨林气温和降水量日数据

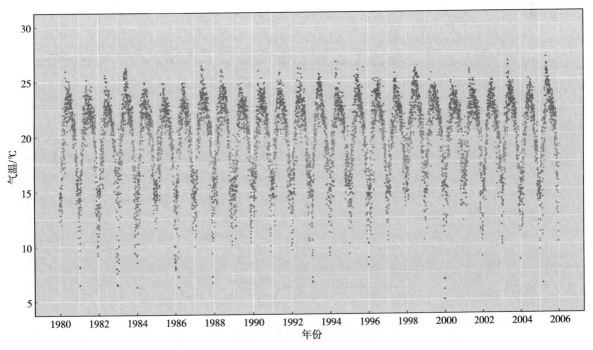

附图 2   热带山地雨林平均气温日数据

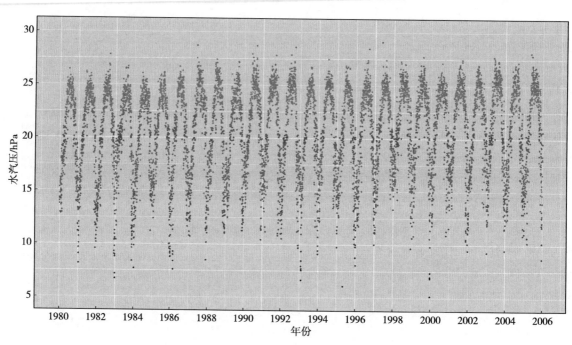

附图 3　热带山地雨林平均水汽压日数据

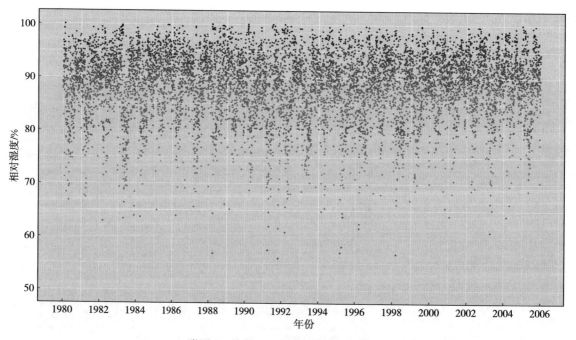

附图 4　热带山地雨林相对湿度日数据

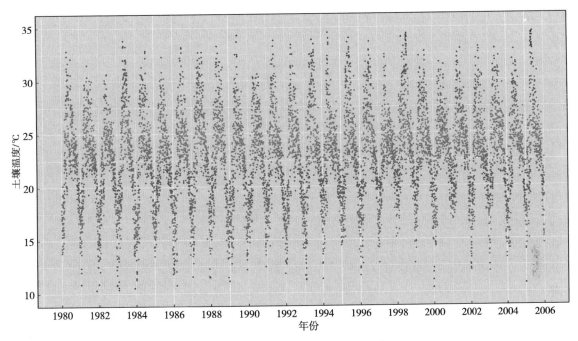

附图 5　热带山地雨林土壤温度日数据

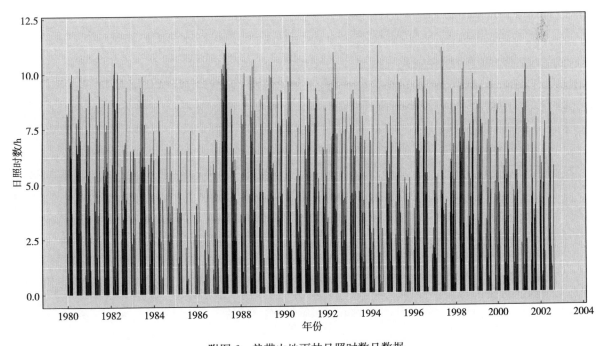

附图 6　热带山地雨林日照时数日数据

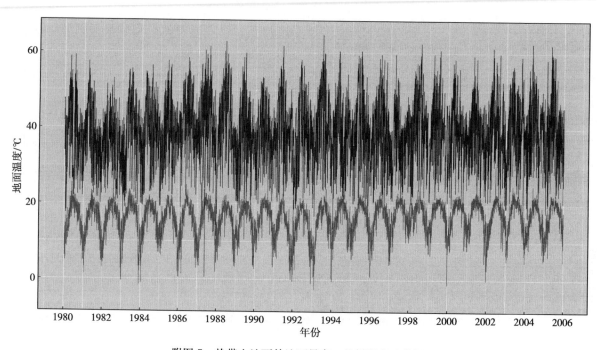

附图 7　热带山地雨林地面最高、最低温度日数据

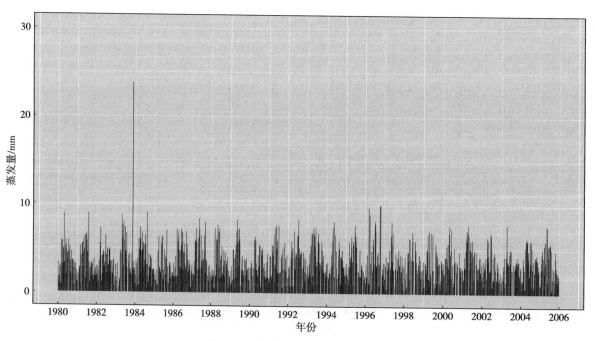

附图 8　热带山地雨林蒸发日数据

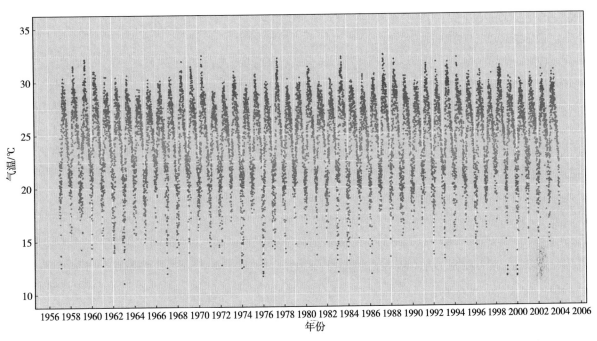

附图 9　热带季雨林平均气温日数据

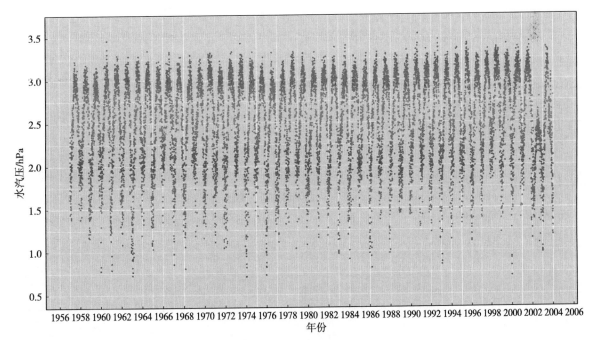

附图 10　热带季雨林水汽压日数据

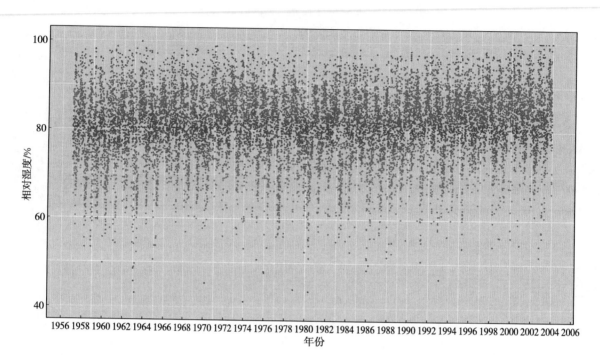

附图 11　热带季雨林相对湿度日数据

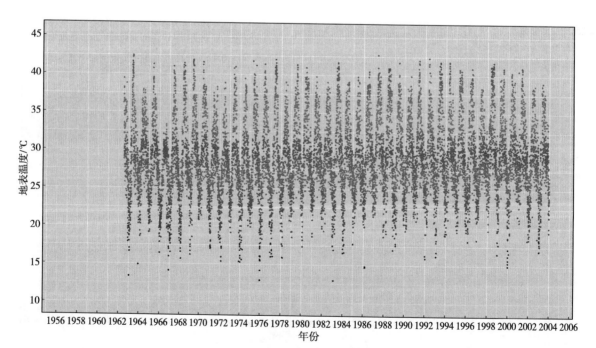

附图 12　热带季雨林地表温度日数据

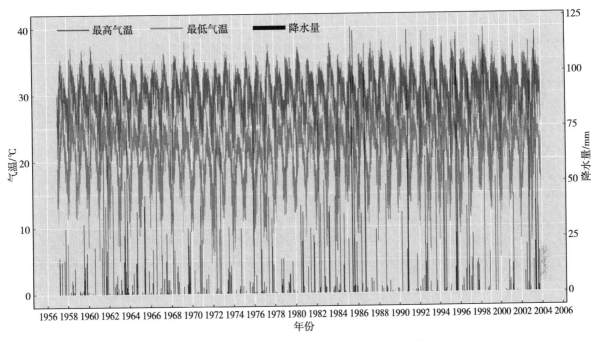

附图 13 热带季雨林最高、最低气温和降水量日数据

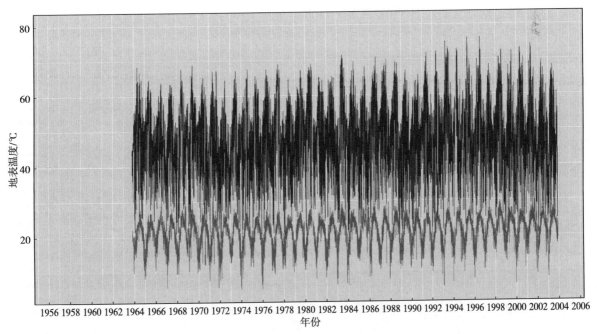

附图 14 热带季雨林最高、最低地表温度日数据

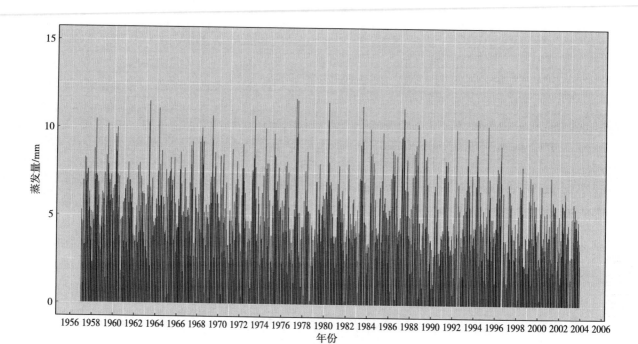

附图 15　热带季雨林蒸发量日数据

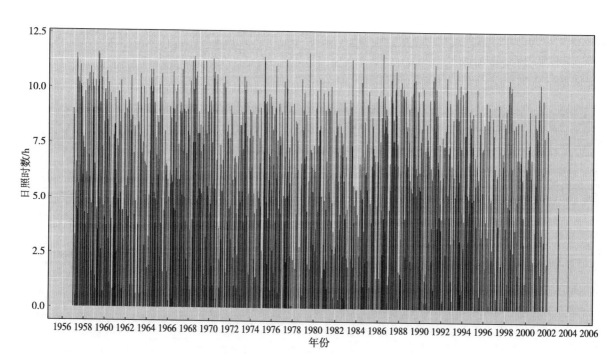

附图 16　热带季雨林日照时数日数据

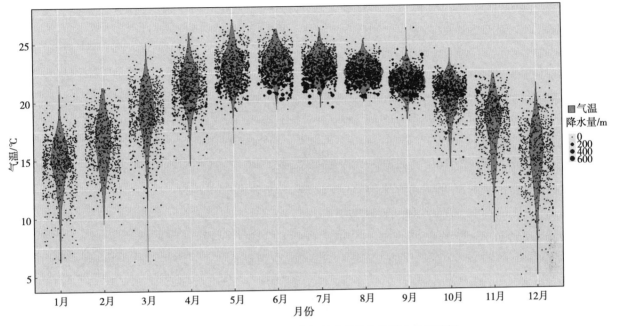

附图17 热带山地雨林平均气温季节分布和降水量日数据

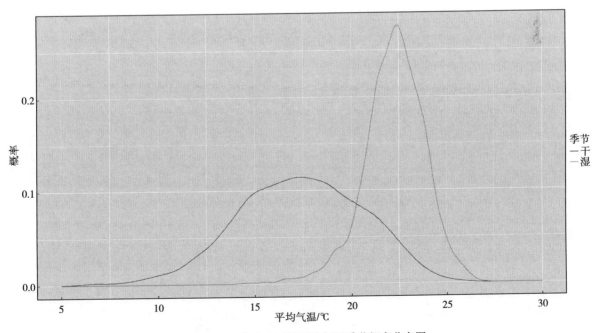

附图18 热带山地雨林平均气温季节概率分布图

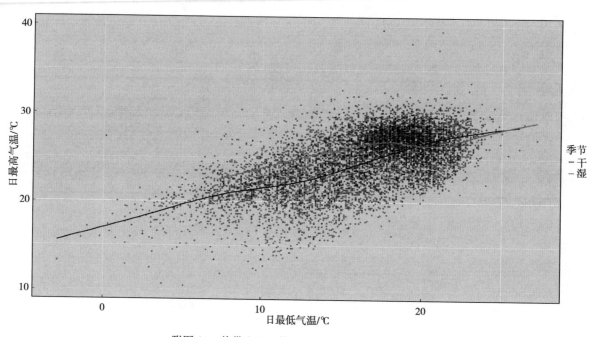

附图 19 热带山地雨林最低最高气温季节关系图

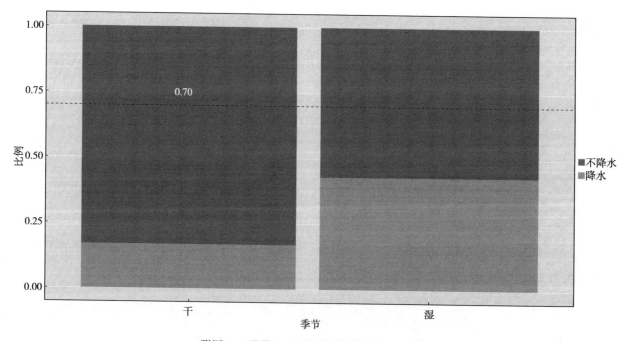

附图 20 热带山地雨林有雨无雨季节比例图

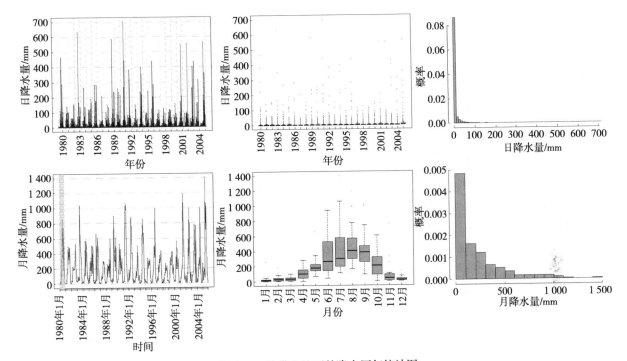

附图 21　热带山地雨林降水历年统计图

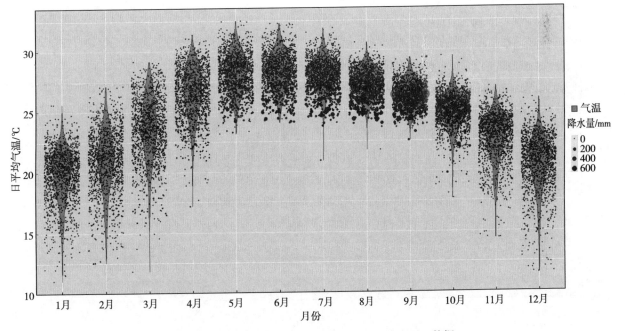

附图 22　热带季雨林平均气温季节分布和降水量日数据

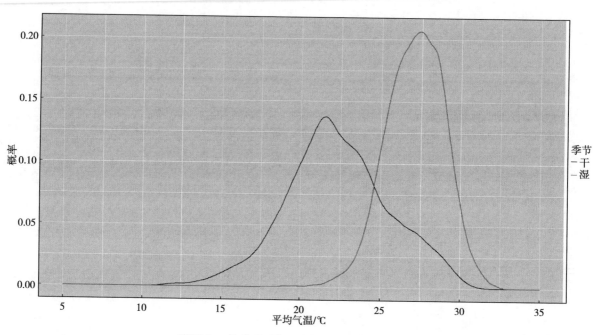

附图 23　热带季雨林平均气温季节概率分布图

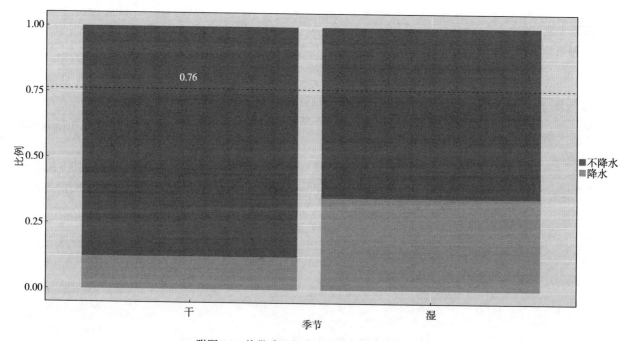

附图 24　热带季雨林有雨及无雨日季节比例图

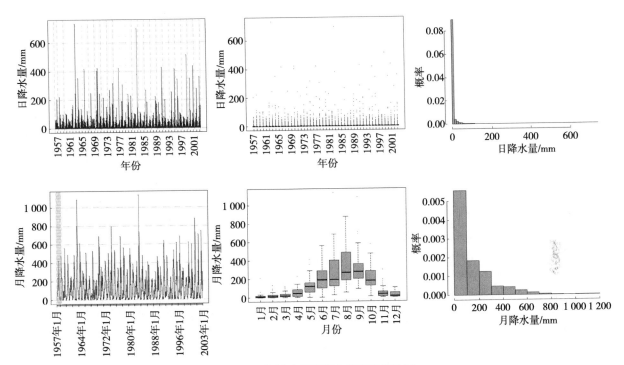

附图 25　热带季雨林降水量历年统计图